勐海味

MENGHAI WEI

何青元——编著

勐海——

中国普洱茶第一县

茶树王之乡

世界茶树资源博物馆

YNK 云南科技出版社

·昆明·

图书在版编目（CIP）数据

勐海味 / 何青元编著. -- 昆明 : 云南科技出版社，2024.3（2024.8重印）
ISBN 978-7-5587-5569-9

Ⅰ.①勐… Ⅱ.①何… Ⅲ.①普洱茶—茶文化 Ⅳ.①TS971.21

中国国家版本馆CIP数据核字(2024)第057194号

勐海味
MENGHAI WEI

何青元 编著

出 版 人：温　翔
责任编辑：吴　涯　吴　琼
助理编辑：张翟贤
整体设计：长策文化
责任校对：孙玮贤
责任印制：蒋丽芬

书　　号：ISBN 978-7-5587-5569-9
印　　刷：云南雅丰三和印务有限公司
开　　本：787mm × 1092mm　1/16
印　　张：19.5
字　　数：400千字
版　　次：2024年3月第1版
印　　次：2024年8月第2次印刷
定　　价：185.00元

出版发行：云南科技出版社
地　　址：昆明市环城西路609号
电　　话：0871-64190978

作者简介

何青元，研究员，云南省农业科学院茶叶研究所所长、中国茶叶学会副理事长；2012年5月至2016年5月任勐海县人民政府副县长（挂职），为建设“中国普洱茶第一县”和打造“勐海茶”“勐海味”做出了积极的努力，致力于“让世界爱上普洱茶、恋上勐海味”，对“勐海味”有深入的实践和思考，是为成书，供茶友们参考。

勐海县古茶树古茶园分布示意图

树龄 800 多年的勐海南糯山

栽培种茶树王（1951 年发现）

前言

PREFACE

世界茶树原产地和普洱茶发祥地

茶树天然基因库

滇藏茶马古道的源头和滇缅通关的重要驿站

全国茶区中生态系统最完善、最平衡的区域之一

勐海县是国际公认的世界茶树原产地和普洱茶发祥地，是茶树天然基因库，是滇藏茶马古道的源头和滇缅通关的重要驿站，是全国茶区中生态系统最完善、最平衡的区域之一，享有“中国普洱茶第一县”“茶树王之乡”“世界茶树资源博物馆”的美誉。勐海县种茶、制茶和茶叶贸易历史悠久，对其利用历史可追溯到唐代。勐海县有全国面积最大的古茶山，1951年，于勐海县南糯山半坡寨发现树龄800余年的栽培型大茶树“南糯山茶树王”；1960年，于勐海县巴达大黑山发现树龄1700余年的野生型大茶树“巴达茶树王”。这些古茶树使世人对茶树起源问题有了新的认识，并推动了勐海县乃至云南省普洱茶产业、旅游业的迅速发展，虽然这两株古茶树分别于1995年和2012年先后死亡，但都已被《中国茶经》茶史篇记载，其历史价值将得到永远的认可。勐海县茶树资源丰富，主要包括大理茶（*Camellia taliensis*）、茶（*Camellia sinensis*）、普洱茶（*Camellia sinensis* var. *assamica*）和苦茶（*Camellia assamica* var. kucha）等4种（变种），古茶树（园）总面积13753.33hm^2，其中野生茶居群面积8380.00hm^2，集中连片且树龄在100年（含）以上的栽培型古茶树（园）面积5373.33hm^2，共计720余万株。

2022年入选世界非物质文化遗产名录

勐海普洱茶以669.8亿元的区域品牌价值位居全国农业区域品牌榜首

16个名山名茶的地理标志证明商标注册成功

2022年，勐海县茶树种植面积91万亩（非法定单位，1亩≈666.67m^2，全书特此说明），茶产业综合产值超过160亿元，是云南唯一突破百亿元的重点产茶县，茶农年人均纯收入超过15000元。勐海种茶、制茶、用茶、贸茶的历史悠久，是我国云南最早的普洱茶出口基地县，是全国唯一的普洱茶产业知名品牌示范区，被认定为“中国特色农产品优势区”（第三批），位列云南省高原特色现代农业茶产业“十强县”首位，入选云南省“一县一业”茶叶产业示范县创建名单。全县规模以上茶企在全国各地有专卖店超过1万家。多家普洱茶企业品牌获得“云南省著名商标”“中国名牌农产品”“中国知名品牌”“中华老字号”等殊荣，大益普洱茶制作技艺于2008年入选国家级非物质文化遗产名录，2022年入选世界非物质文化遗产名录；勐海普洱茶以669.8亿元的区域品牌价值位居全国农业区域品牌榜首，16个名山名茶的地理标志证明商标注册成功，“勐海茶”获“中国驰名商标”，作为唯一的云南茶代表参加了世界地理标志大会，并被纳入第二期中欧地理标志合作协议清单；多个茶产品获评云南省“10大名茶”，勐海茶厂入选云南省绿色食品“10强企业”，登上“中国茶叶企业产品品牌价值排行榜”榜首。

勐海县以“中国普洱茶第一县”为旗帜，以爱上“勐海茶”、恋上“勐海味”为核心内容，强力打造“勐海普洱茶品牌”“勐海名山名茶品牌”和“勐海企业品牌”品牌，着力“生态普洱、科学普洱、安全普洱、放心普洱、满意普洱”措施，普洱茶产业呈现出百家争“茗”、百花齐放、“兴兴”向荣的大好发展态势，实现了茶园面积、毛茶产量、精制茶产量、产值、品牌、税收、茶农年人均收入、从业人口等多个中国茶叶的县级第一，建成了中国最优质的普洱茶基地，实现了茶产业富民强县。

笔者于2012年5月至2016年5月挂职勐海县人民政府副县长，主抓勐海茶产业发展和工业园区建设，为成功打造“中国普洱茶第一县”“勐海茶·勐海味”做出了积极的努力；笔者认为，“勐海味”的突出核心内容有10个方面：一是突出“勐海味”的绿色生态。构建生态茶园指标体系，全力实施连片建设勐海大叶种茶标准生态茶园，扩大种植规模，造就绿色、健康、环保的茶树种植业；全面建成了“茶中有林，茶在林中；远看青山绿水，近看心旷神怡”的生态最优和普洱茶原料最优的基地。二是突出“勐海味”的独特风味。大力推广传统手工制作技艺，立足质量，树立形象和标杆，千方百计在提质增效上下功夫，着力“浓强厚重”的独特风味，全面提升茶叶产品档次，提升名山名茶附加值和品牌效应，通过提高单价、提高品质来提升茶产业化水平。三是突出“勐海味”质量的统一性。按照普洱茶种植加工标准，择优扶持了一批产品质量过硬的初制所、合作社和生产企业，帮助其加大技术改造力度，改进工艺，提高生产水平；建立了茶叶市场准入及认证体系，推行标准化生产，对茶叶生产统一技术规范、统一质量标准。四是突出“勐海味”的专业化。引导茶叶专业合作社向股份制方向发展，完善运行机制，推动茶叶专业合作组织优化发展，推进茶农持续增收，促进茶农与商家零距离卖茶，实现茶农的“包容”和提振茶叶致富的信心。五是突出“勐海味”的营销通畅。建设现代化茶叶产业园区，结合特色茶叶专业化乡镇建设，加快茶叶集群产业的发展，推进茶叶流通环节向优势区转移。鼓励扶持企业、购销大户到主要茶叶消费区域设立销售窗口和专卖店，形成点、片、面相结合的销售网络。大力发展总经销、总代理、专卖店、网上交易等新型现代物流方式，构建“勐海普洱茶”走向国内外市场的多元化渠道。六是突出“勐海味”品牌效益。重点扶持企业争创品牌，深度挖掘茶叶品牌的经济价值、社会价值，促进茶产业向品牌化、市场化和国际化发展，形成了以大企业为主导，大中小企业合理分工、协调发展的格局。七是突出“勐海味”地域特色。严格落实包括茶树种植、茶园管理、茶叶采摘、加工工艺、外形特征、内在品质、包装方式等在内的技术规范要求和质量标准体系，做好“勐海茶”“老班章”“南糯山”等地理标志证明商标和“中国普洱茶第一县”的打造及企业“SC”质量认证、复检和项目申报等工作，凡使用“勐海茶”标识的茶叶企业，均应取得“SC”认证，产品必须符合“勐海茶”的质量标准。八是突出“勐海普洱茶文化” 品牌内涵。大力展示普洱茶文化内涵，全方位、动态化拓展茶业功能，从过去单纯卖茶产品转变为卖产品和卖服务相结合。开展民族茶文化展示、特色茶叶产品展示与贸易、茶文化研讨与交流、制茶大赛、斗茶大赛、民族茶艺大赛、茶产品经贸洽谈、古茶山旅游等，把“勐海茶王节”打造成为了茶文化大品牌。九是突出西双版纳“春城”中的“中国普洱茶第一县”大品牌。通过规划、布点、保护和改造，促进实体建筑与自然景观、历史风貌与民族茶文化的有机融合，展现和彰显独特的民族民居建筑风格，把勐海县城建设成为了一个大普洱茶市场，展现了“山水田园一幅画，城镇村落一体化”的集生态、山地、茶文化、农耕文化于一体的全国最具特色、最具亮点的茶文化之城。十是突出“中国普洱茶第一县”和“勐海味”名片。“生态、科学、安全、放心、满意”的“中国普洱茶第一县”，“优质安全、生态健康”的“勐海味”，“神奇养生、美丽和谐”的西双版纳“春城”。全面提升“勐海普洱茶”的市场品位，在全国形成了只要有普洱茶的市场就必有“勐海普洱茶”的盛况。

能看见多远的历史，就能看见多远的未来。“勐海味”普洱茶作为中国传统茶文化的重要组成部分，它以博大精深的茶文化内涵和丰厚的民族文化底蕴，历经千年积淀，流淌于中华文明的历史长河之中，形成了海纳百川、开放包容的“勐海普洱茶”文化，成为中国最具特色的传统名茶，享誉海内外。未来，勐海县将继续秉承“绿水青山就是金山银山”的发展理念，在茶产业上注入更具特色的“勐海味”，让世界爱上普洱茶，恋上“勐海味”！

纳寿元

2023年12月12日

一路向南来，
因为茶王在勐海，
天南地北远方的客人，
到这里来赶摆。
一脉清香牵引我，
因为茶王在勐海。
多情的澜沧江，
为我洗尘埃，
你的美，你的好，
都是我的爱。
千里来相会，
因为茶王在勐海，
茶马古道从这里出发，
通向那云天外。

《茶王在勐海》

作词：屈塬
作曲：浮克
演唱：茸芭莘那

踏着小河淌水的节拍，
穿越彩云缭绕的村寨。
一路走过不停留，
因为我要去勐海。
挥别一路好客的挽留，
忘却沿途风光的精彩。
一脉清香牵引我，
因为茶王在勐海。
千岁的古茶树，
在把我等待，
你的山，你的水，
茶神来安排。

目——录

CONTENTS

目—录

CONTENTS

第一章 茶香世界

在历史的长河中，中国是世界茶树原产地，是世界上最早发现并利用茶叶的国家。中国人以自己对茶叶与生活的独特理解，创造出了丰富的茶文化。

中国茶叶自古有“兴于唐、盛于宋”之说，明清时继续发展，进入民国后迅速衰落，直到20世纪50年代又开始恢复，特别是改革开放以来，随着经济的发展，人民生活的提高，中国茶叶迎来了快速发展的新时代。回顾历史，尽管茶已走过了数千年的历程，但我们不妨遵循历史的轨迹，回眸千年来中国茶叶走过的历程，以史为镜，以励前行。

第一节

茶的国内发展

中国是世界茶树原产地，是世界上最早发现并利用茶叶的国家。茶在为人类提供物质消费与享受的同时，又在人类精神文化领域触发了一系列的活动，在人类社会历史文化的发展轨迹中留下了自己的痕迹，与人类社会历史的诸多方面发生了密切的关联，它与政治、经济、思想、文化民俗、艺术之间的关系甚为深切，成为人类社会生活一个重要的组成部分。

“茶”的发展史：始于神农，兴于唐，盛于宋，衰于近代，复苏于现代。

一、茶的发现

相传神农氏是最早发现和利用茶的人。“神农尝百草，日遇七十二毒，得荼（茶）而解之。”

茶树存在的时间，可追溯到2500万年前的新生代第三纪至第四纪之间。喜马拉雅造山运动导致“冰封”，茶树因温度太低而不再生长。只有在未被完全覆盖的东南沿海、华南、西南及华中一些地区，茶树的根才得以保存下来，继续繁衍生长。可以说，茶树是经历“险阻”进化而成。

二、饮茶之始

茶叶一开始并不是饮用的，而是当作药物。最早记载饮茶的既不是“诸子之言”，也不是史书，而是本草一类的“药书”，例如《神农本草》《食论》《本草拾遗》《本草纲目》等书中均有关于“茶”之条目。

从魏晋南北朝开始，茶饮开始走入普通百姓家，成为生活的必备品，“粗茶淡饭”的观念逐渐形成。《广雅》中提到用有葱、姜、橘子等佐料与茶一起烹煮成羹，也有加米做成茗粥。

而南北朝以后士大夫品茗清谈，坐而论道。饮茶的风尚形成，逐渐由南向北、自上而下地普及。

三、茶之盛行

唐代是茶文化走向兴盛的时期，也是茶叶产区大规模普及的时期。唐开元之后，饮茶活动达到空前规模，成为国饮。皇室专门成立贡焙，采造研制宫廷用茶。民间“城市多开店铺，煎茶卖之，不问道俗，投钱取饮”（《封氏闻见记》记载）。

陆羽写成了世界上第一部以茶为主题的专著《茶经》，里面对种茶、采茶、茶具选择、煮茶火候、用水以及如何品饮都有详细论述。而对比唐代之前，茶主要是作为药用或者粗放型的解渴的饮用形式，这是一个质变的过程。

继唐代之后，虽经历了五代十国的纷争割据，但它却未衰反盛，至宋代更为盛行。

宋代制茶“盛造其极”，重在趣味，一方面是市民日常饮茶的世俗情趣，另一方面是文人追求的精致雅趣。宋人还发展了一些新颖独特的技趣性饮茶，如斗茶、分茶。

四、散茶出现

到了明代，中国饮茶法又发生了一次大的变革。洪武二十四年（1391），明太祖废除福建建安团茶进贡，禁造团茶，改茶制为芽茶，也就是散茶，从此改变了中国人饮用末茶的习惯。而这种散茶，不需蒸青而直接烘焙，保留了茶叶的本色、真味。

到明末清初时期，茶的饮法逐渐变成如今直接用沸水冲泡的瀹饮法，这也极大推动了绿茶、黑茶、白茶、黄茶、乌龙茶、花茶等茶类的迅速兴起和发展。

五、坎坷变迁

鸦片战争后，中国茶业一蹶不振，处于衰落时期。大批茶园荒芜，茶业逐渐陷入低谷，这种衰落局面，一直延续到中华人民共和国成立。

六、茶业复苏

中华人民共和国成立后，茶业再次蓬勃发展起来。比如改造老茶园，改良茶园土壤，改善茶园管理，提高品质和劳动生产效率。

茶业的全面复兴，已取得较大的成就，在产业发展、社会关注提升、人力、物力资源投入加大的良好态势下，我国茶业必将会有更高的发展。

第二节

茶的对外传播

1600年前

南北朝，中国茶开始输出至东南亚邻国及亚洲其他地区；

1200年前

唐代，日本、朝鲜从中国带回茶籽，开始了种茶历史；

1100年前

唐代，阿拉伯人通过“丝绸之路”获得中国茶叶，蒙古商队将中国砖茶运到中亚以外；

1000年前

宋代，点茶、斗茶外传，促进了日本茶道、韩国茶礼的形成；

230年前

清代，美国人用西洋参从中国换回茶叶，中美茶叶贸易逐渐兴起；

今天

中国茶叶远销世界五大洲上百个国家和地区，有50多个国家引种了中国茶。

600年前

明代，欧洲人首次喝到了中国茶，葡萄牙商船开启了中西茶叶贸易，郑和下西洋为非洲带去了茶叶；

400年前

明代，荷兰人真正将茶传入欧洲，欧洲饮茶风潮兴起，殖民者又将饮茶习俗带到美洲、大洋洲；

300年前

清代，英国第一次直接从中国厦门购买茶叶，印度、斯里兰卡、印度尼西亚开始引进中国茶籽；

勐海味
布朗族
勐海
中国普洱茶第一县·勐海

第二章 勐海味之地域香

勐海，傣语意为“勇敢者居住的地方”，是国际公认的世界茶树原产地中心地带和普洱茶的原产地之一，植茶的自然环境和气候条件得天独厚，各族人民种茶、制茶、饮茶、贸茶的历史悠久，是中国最早的普洱茶出口基地县。勐海有世界上最古老的种茶民族，有最古老的野生型和栽培型茶树王，有最古老的种茶山寨，栽培型古茶山面积分布广、生长茂盛，是茶叶发展历史的活见证。

勐海县地处祖国西南边陲，位于云南省西南部，西双版纳傣族自治州西部，地处99°56′～100°41′E，21°28′～22°28′N，东接景洪市，东北邻思茅区，西北靠澜沧县，西和南与缅甸接壤，国境线长146.556km。东西横距77km，南北纵距115km，土地面积536800.00 hm^2，其中，山区面积占93.45%，坝区面积占 6.55%，最高海拔2429m，最低海拔535m。属热带、亚热带西南季风气候，境内拥有丰富的森林资源、水利资源和热带、亚热带动植物资源，具有十分重要的战略地位和优越的自然条件。主产粮食、茶叶、甘蔗、橡胶和樟脑等，被誉为“滇南粮仓”“鱼米之乡”“普洱茶故乡”。境内有傣族、哈尼族、拉祜族、布朗族、汉族、彝族、回族、瑶族、佤族、白族、苗族、壮族和景颇族等13个民族，其中，傣族、哈尼族、拉祜族、布朗族、彝族、回族、佤族和景颇族等8个民族为世居少数民族；傣族、哈尼族、拉祜族和布朗族等4个少数民族为主体民族，属少数民族聚居的边境地区。各民族文化积淀深厚，民族风情绚丽多彩，地方特色十分浓郁。区位优越突出，是面向东南亚的重要门户之一，从打洛口岸出境跨缅甸可达泰国，是中国从陆路到达泰国的最近通道。

第一节

地理环境

一、地貌

勐海县地处横断山系纵谷区南段，怒江山脉向南延伸的余脉部。境内地势四周高峻，中部平缓，山峰、丘陵与平坝相互交错。地势东北高、西南低，最高点在县境东部勐宋乡的滑竹梁子主峰，海拔2429m，属西双版纳州内第一高峰。最低点为县境西南部的南桔河与南览河交汇处，海拔535m。有大小盆地（坝子）15个，面积3333.33hm^{2}以上的有勐遮坝、勐混坝、勐海坝、勐阿坝，其中勐遮坝面积15333.33hm^2，是西双版纳州最大的坝子。

二、气候

勐海县属热带、亚热带西南季风气候，具有“冬无严寒，夏无酷暑，年多雾日，雨量充沛，干湿季分明，垂直气候明显”的特点。年平均气温18.3～18.9℃，最冷月1月，平均气温12～12.9℃；最热月6月，平均气温22.5～22.8℃。最低气温-2℃（维持大叶种茶树生命的下限温度是-3℃）。冬季，境内海拔1000～1500m的山区还存在逆温。因此，勐海县的热量资源丰富，茶树在春、夏季生长所需的热量不仅得到充分的满足，而且能安全越冬。再者，县内的日温差较大，在3月，日平均温差高达19.2℃，白天温度高，光合作用强，茶树合成的营养物质多，夜间温度低，茶树消耗的有机质少。因此，勐海县境内所产的茶叶有机物含量高，品质优良。

境内降雨充沛，年平均降雨量在1300mm以上。从降雨的时间分布看，5—10月的降雨量占全年降雨量的85.81%，雨热同期，降雨的有效性高，有利于满足茶树生长发育对水分的需要。同时，空气湿度也较大，常年保持在80%以上，再加上雾多，年雾日107.5～160.2d，不但减少了茶树蒸腾作用对水分的消耗，每天还有0.2～0.4mm的雾露水增加地表水，提高空气的湿度，对茶树起到了滋润作用。

境内光照量多质好，光能充足。年日照时数在1782～2323h，日照率在40%～53%。年太阳辐射量较大，

年总辐射量为5054.8～5737.5MJ/m^2。从光辐射的季节分布上看：春多于夏，夏多于秋，秋多于冬，这既有利于茶树的越冬和养分的积累，也有利于夏秋季茶树的生长发育和茶叶品质的提高；从光辐射的成分上看：全年直射量为62551cal/cm^2，年散射量为64810cal/cm^2（1cal=4.2J，全书同），年散射量多于年直射量，在5—11月中各月的散射量均较直射量多，这一光成分的变化特点正好与雨热期的变化特点相一致，这为喜漫射光的茶树等耐阴植物提供了优越的气候生态环境，进而造就了优良的茶叶品质。

勐海县气候区：

（1）北热带。为低于海拔750m的地区，即打洛镇打洛村和勐板村、布朗山乡南桔河两岸河谷地区及勐往乡勐往河和澜沧江两岸河谷地区。

（2）南亚热带暖夏暖冬区。为海拔750～1000m的地区，即勐满镇坝区和勐往乡坝区及布朗山南桔河两岸。

（3）南亚热带暖夏凉冬区。为海拔1000～1200m的地区，即勐海镇、勐遮镇和勐混镇坝区及勐往乡糯东村和勐阿镇纳京村、纳丙村。

（4）南亚热带凉夏暖冬区。为海拔1200～1500m的地区，即勐阿镇贺建村，勐往乡坝散村，勐宋乡曼迈村、曼方村、曼金村，格朗和乡黑龙潭村、南糯山村，西定乡曼玛村、南弄村，新曼佤村、曼皮村、曼迈村、章朗村，勐遮镇曼令村、南楞村，勐混镇曼岗村、勐混村（拉巴厅上寨、拉巴厅中寨和拉巴厅下寨）。

（5）中亚热带区。为海拔1500～2000m的地区，即西定乡、格朗和乡和勐宋乡4个乡的大部分地区及勐满镇的东南至东北地区。

三、土壤

勐海县境内土壤分7个土类18个亚类52个土属85个土种，各类土壤随海拔高低垂直分布；土壤主要有砖红壤、砖红壤性红壤、红壤和黄壤、水稻土等类型，其中，砖红壤主要分布于海拔800m以下的地区，面积 13333.33hm^2；砖红壤性红壤主要分布于海拔800～1500m的地区，面积30800.00hm^2，县内绝大部分茶园分布于这一区域；红壤与黄壤互相交错分布于海拔1500m以上的地区，面积133333.33hm^2；水稻土主要分布于海拔600～1500m的坝区，面积31800.00hm^2。就整体而言，土壤的风化程度较高，土层深厚，一般深达1m左右；pH为4.5～6.0；有机质含量丰富，含量>5%的地区约占总面积的17%，含量3.0%～3.5%的地区约占总面积的54%，含量1.0%～2.9%的地区约占总面积的26%；速效磷含量20～40mg/L的地区约占总面积的13%，3.0～3.9mg/L的地区约占总面积的62%；速效钾含量>200mg/L的地区约占总面积的60%，100～200mg/L

的地区约占总面积的36%。因此，勐海县境内的土壤极宜茶树生长，具有适宜茶叶生长的土壤条件。

四、水文

勐海县境内河网密布，水资源丰富，主要来自地表径流和地下径流，多为降水补给性河流。境内地表水年均径流深540.7mm，年均径流

总量为29.46亿m³；地下水主要分布在地表层、根系层和基岩裂隙层，主要来源于雨季部分雨水下渗补给，地下水年平均径流深340mm，年平均径流总量为15.59亿m³，为地表水的52.9%；另有境外客水4.99亿m³。水资源总量为50.04亿m³。境内流程2.5km以上的常年河流159条，总流长1868km，多为幼年期河流，属澜沧江水系，总集水面积557000.00hm²，其中境内面积占98.9%。流域总面积493700.00hm²。主要河流有澜沧江、流沙河、南果河、勐往河和南览河等。

五、矿产

全县有18种矿产资源，共发现和探明大小矿山及矿点88个，采矿权48个。其中，中型矿山4个，小型矿山44个；探矿权40个。矿种主要有独居石、磷钇矿、锆英石、钛、金、锰、铁、铅、锌、锡、铜、煤、花岗石、石灰石、砂岩。已勘查矿种资源有12种，在全县11个乡（镇）范围内均有分布。已探明资源储量：金12.126t，锆铁矿石4310.2万吨，锰矿石478.0934万吨，铅锌矿石18.99万吨，褐煤储量154.5万吨，稀土矿8.7765万吨，铝石矿10.5767万吨。独居石储量高居云南省榜首，占全省储量的93.7%；锆英石储量位居云南省第二，占全省储量的35.8%。全县有温泉和热泉点等17个，是云南地热资源集中区之一。

第二节

自然资源

一、动植物

勐海县境内生物资源丰富，有植物1865种，其中，国家重点保护野生植物20种。有陆生野生动物361种，其中，国家重点保护野生动物28种。珍稀哺乳动物有象、野牛、虎、长臂猿、猴和熊等9目27科67种；鸟类有绿孔雀、犀鸟、喜鹊、乌鸦、画眉、百灵鸟、白鹇、原鸡和相思鸟等16目44科249种；爬行动物有巨蜥、穿山甲和蟒蛇等3目11科45种；昆虫有蜂、蝶和蝉等12目92科1136种。有蔬菜30多种；水果20多种；花卉近100种；中药材有大黄藤、黄姜和鱼腥草等1000多种；可食野菜50多种。经济价值较高的樟脑、咖啡和香料等产业得到培植开发。

二、茶树资源

勐海县茶树资源丰富，包括大理茶（*Camellia taliensis*）、茶（*Camellia sinensis*）、普洱茶（*Camellia assamica*）和苦茶（*Camellia assamica* var.kucha）等4种（变种），茶园总面积68780.00hm^2，其中野生茶树居群面积8380.00hm^2，古茶山面积5373.33hm^2，现代茶园面积55026.67hm^2；茶叶年度总产量3.53万吨。野生型茶树种质资源均为大理茶（*Camellia taliensis*），分布于勐海县西定乡曼佤村贺松村民小组巴达大黑山、格朗和乡帕真村雷达山和勐宋乡蚌龙村滑竹梁子，海拔1870～2400m的原始森林中；古茶树（园）分布于勐海县勐海镇、勐混镇和布朗山乡等11乡（镇）37个村132个村民小组海拔1000～2200m的山区、半山区，古茶树大多为普洱茶（*Camellia sinensis* var. *assamica*）；苦茶（*Camellia assamica* var. kucha）也有较大的分布面积，如老班章古茶山、老曼峨古茶山和吉良古茶山。

云南省农业科学院茶叶研究所国家种质大叶茶树资源圃（勐海）始建于1983年，2012年经批准晋升为国家级资源圃。截至2021年，这个资源圃总保存了3480多份茶树资源，包含有28个种3个变种，是保存大叶茶资源数量最多、种类最全的世界茶树基因库。

勐海大叶种茶原产云南省勐海县南糯山，主要分布在云南南部，四川、广西、贵州、广东等省区有较大面积引种，是勐海茶业的当家品种，成就了“勐海茶，勐海味”。

勐海大叶种茶其植株高大，树姿开张，主干显，分枝较稀，叶片水平或上斜状着生。叶片特大，长椭圆形或椭圆形，叶色绿，富光泽，叶身平微背卷，叶面隆起，叶缘微波，叶尖渐尖或急尖，叶齿粗齐，叶质较厚软。芽叶肥壮，黄绿色，茸毛多，一芽三叶百芽重153.2g。花冠直径3.5cm，花瓣7～8瓣，子房茸毛多，花柱3～4裂。果径2.7～3.1cm，种皮黑褐色，种径1.1～1.5cm，种子百粒重190.5g。芽叶

生育力强，持嫩性强，新梢年生长5～6轮。春茶开采期在3月上旬，一芽三叶盛期在3月中旬。产量高，每亩可达200kg左右。春茶一芽二叶干样约含氨基酸2.3%、茶多酚32.8%、儿茶素总量18.2%、咖啡碱4.1%。适制红茶、绿茶和普洱茶，品质优。

第三章 勐海味之历史陈香

勐海是世界茶树原产地的中心地带，是中国第一产茶大县，也是云南普洱茶最大生产地，茶叶是勐海各民族特别是山区少数民族经济收入的重要来源。勐海地理位置和生态环境有利于茶树的自然生长并形成丰富的品种资源和优良的茶叶品质。由于具有独特的“勐海味”，勐海普洱茶自古至今备受广大普洱茶消费者青睐。

普洱茶是勐海最古老、最具有代表性的文明符号。普洱茶产业在勐海历经千年，传承不息，其发展可分为三个时期：中华民国以前、中华民国时期和中华人民共和国成立后。

第一节

历史上的普洱茶概况

布朗族种茶历史达1700年。早在1700多年前，布朗族先民“古濮人”开始在南糯山栽培利用茶树；约1000多年前，“古濮人”到达西定章朗、打洛曼夕、勐混贺开、布朗山老曼峨及勐往曼糯等地，均在当地栽培利用茶树。

哈尼族在勐海栽培利用茶树的历史已有1100多年。1100多年前，哈尼族也到达南糯山。哈尼族接管了布朗族迁徙离开后遗留的茶园并在此基础上进一步开辟茶园、栽种茶树。哈尼族还将南糯山茶树品种传播到景洪大勐龙、勐海布朗山等地。

650多年前的明代是普洱茶的创新发展时期，普洱茶生产技术有了新的突破，出现了揉制茶和压制茶，即通常所说的各类普洱紧压茶。

明初，滇南的步日部改名为“普耳（洱）”，属于车里宣慰使管辖，勐海等地的茶叶由于集中在普洱再加工并集散贸易，故正式得名“普洱茶”。车里宣慰使为了加强对普洱茶加工及贸易等方面的管理，特派一官员长驻普洱。在明万历年间谢肇淛的《滇略》中，“士庶所用，皆普茶也，蒸而团之”既是对“普（洱）茶”一名的最早记述，也是对普洱团茶的最早记述。

400多年前，拉祜族到达勐宋保塘及勐混贺开一带，也是在原有布朗族遗留茶园的基础上进一步开辟茶园，栽培利用茶树。

300多年前，傣族在勐海坝子边缘丘陵地带的曼真、曼拉闷等地栽培利用茶树。

清代是普洱茶的第一个繁荣兴盛时期。普洱茶被列为贡茶进入京城，进入皇宫。同时还大量运销海内外，赢得了普遍的赞誉。“普洱茶名遍天下，味最酽，京师尤重之。”（阮福《普洱茶记》）足见当时普洱茶已获得了较高的声誉和地位。

清雍正七年（1729），清政府在滇南一带推行“改土归流”政策，并在今景洪市基诺山乡设立普洱府攸乐同知，管理古六大茶山一带的茶叶生产。同时，各地茶农、茶商纷纷“奔茶山”从事茶叶生产、经营活动，攸乐、倚邦、易武等地也进入了“茶庄时代”。

当然，在明清时期，在普洱茶整体发展大环境的带动下，勐海境内各茶山也不断发展，现存许多古茶山、古茶园都是在这一时期得以开辟并不断发展而来。同时，勐海出产的晒青毛茶通过马帮大量运输到思茅、宁洱等地的茶庄，再加工成各类普洱紧压茶后运销海内外。勐海成为云南普洱茶重要的原料基地。

第二节

中华民国时期勐海普洱茶的兴衰

清末民初，由于战争、疾病及社会治安混乱等诸多因素的影响，西双版纳通往内地及西藏的茶马古道运输不畅，普洱贡茶被迫取消，藏销普洱茶也逐渐减少。普洱茶总体出现了衰落的趋势，古六大茶山部分地区已经衰落。但是，藏族地区及海外侨胞对普洱茶的需求依然旺盛。在此背景下，加工技术向原料产地的传播及普洱茶运销新通道的开辟，成为普洱茶发展的必然选择。勐海普洱茶也因此在民国时期迅速崛起，各种普洱紧压茶的加工和贸易均呈现出繁荣景象，特别是20世纪30年代，是勐海制茶业的鼎盛时期，茶叶加工技术及产量均处于全省领先水平。促成民国时期勐海制茶业崛起的因素是多方面的，其中，原料、茶叶品质、加工技术、运销渠道是主要因素。

勐海有丰富的大叶种茶原料。世居勐海的布朗族、哈尼族、傣族等民族皆擅于种茶用茶。经过1000多年的发展，至民国时期，以当时的佛海县为中心的“车佛南茶区”共有茶园面积7333hm^2，均为乔木型大叶种茶树。“车佛南茶区”位于澜沧江以西，故又叫“江外茶区”，包括当时属于车里县的南糯山和勐宋两大茶山以及佛海县（包括今勐海镇、勐混镇、打洛镇等）、南峤县（今勐遮镇）和宁江设治局（今勐往乡）。江外茶区的茶叶（晒青毛茶）生产情况，据李拂一先生1939年3月发表的《佛海茶业概况》记载：“佛海产茶数量，在近今十二版纳各县区，为数最多，堪首屈一指。”同时东有车里供给，西有南峤供给，北有宁江供给。自制造厂商纷纷移佛海设厂，加以输出便利关系，于是佛海一地，俨然成为十二版纳一带之茶业中心。

勐海大叶种茶品质优良，以勐海大叶茶晒青毛茶为原料加工而成的普洱紧压茶，具有滋味浓醇、香高耐泡等特点，特别适合藏族同胞的口味，认为佛海茶“和酥油加盐饮用，足以御严寒、壮精神。由幼而老，不可一日或缺”。有“藏人非车（里）佛（海）茶不过瘾”之说。另外，勐海大叶茶也适宜制作滇红茶。李拂一先生曾于1935年以勐海大叶茶原料制为“红茶”，并寄往汉口化验，认为该茶品质优良，气味醇厚。1939年，范和钧先生在勐海采用勐海大叶茶鲜叶试制出滇红茶，茶样寄往香港、上海检验，中外茶师均认为其红茶色、味优于祁红，香气高于印度红茶。

1910年，石屏茶商张棠阶在勐海建立第一个茶叶加工作坊——“恒春号”茶庄，并从思茅请来揉茶师，收购晒青毛茶，就地加工普洱紧压茶。勐海普洱茶发展从此进入“茶庄时代”。至20世纪30年代，勐海共有恒春、洪记、可以兴、恒盛公、新民、复兴、鼎兴等20多家茶庄，每年加工紧茶、圆茶（饼茶）、砖茶、方砖茶等普洱紧压茶1000多吨，特别是1938—1941年，年产量均在2000t以上。其中，85%为紧茶，销往中国西藏及尼泊尔、不丹一带；15%为圆茶，销往缅甸、泰国及南洋一带。

另外，1938年，云南省财政厅委派白孟愚到车佛南茶区成立了“云南省思普区茶业试验场”（即今省茶叶研究所的前身），并于1940年在南糯山建立了制茶厂，从印度购进了6部先进的英国造制茶机器，生产出15t品质优良的机制红茶，首开云南机械制茶的先河。1941年，南糯山制茶厂还生产了75t藏销紧茶，全部销往印度。1943年，思普区茶业试验场改称“思普企业局”。

1939年，中茶公司派范和钧、张石城到勐海考察，范和均采用勐海大叶种茶树鲜叶试制出了红茶、绿茶样。1940年，范和均带领一批技术员和工人到达勐海，建立中茶公司佛海实验茶厂（今勐海茶厂的前身），并从泰国采购了部分制茶机器，也生产出了一批机制红茶。同期，勐海茶厂也部分收购和加工紧茶、圆茶，运销西藏及东南亚国家，仅1941年销往泰国的圆茶就有20多吨。

民国时期，勐海还拥有通畅、便捷的普洱茶运销渠道。一方面，勐海是滇藏茶马古道的起点站。勐海各茶庄生产的普洱紧压茶，主要由马帮东经景洪（或北经勐阿、勐往）驮运到思茅、宁洱，再经景东、大理、丽江等地转销藏区。1930年12月，滇西北的古宗人（藏族）茶商带骡马千余匹直接到达勐海购买普洱茶，廉价购得紧茶40多吨，并预购次年春茶35吨。另一方面，勐海与缅甸接壤，与泰国为邻，勐海镇至打洛口岸约70km，具有通往东南亚、南亚国家的区位优势。民国时期，滇南一带出口缅甸、印度等英国殖民地或经缅甸、印度至中国西藏的货物，均不必缴纳关税，而缅甸、印度境内的运输又较为便捷，费时较短。因此，勐海茶叶在边境贸易甚至越境销藏的过程中，茶叶运输成本较低，茶商有利可图。1921年，勐海茶商张棠阶开通了由勐海经缅甸、印度进入中国西藏的普洱茶“马帮、汽车、火车、轮船联运”线路，年运销量达800～1500t。

另外，勐海各茶庄生产的七子饼茶还由勐海经缅甸、泰国，运销新加坡、印度尼西亚、中国香港等地，年运销量达300～500t。

总之，经过漫长的历史发展，至20世纪30年代，勐海已成为普洱茶的原料中心、加工中心及集贸中心，茶产业的迅速崛起实属必然。

1941年12月，太平洋战争爆发后，勐海茶业很快走向衰落。1942年，日军入侵缅甸至勐海边境一线，日军飞机甚至轰炸勐海境内目标，人民生命财产处于危急关头。勐海外销、藏销茶叶路线均告中断，茶商也纷纷逃亡内地。勐海茶厂也被迫停产，主要人员及设备均撤往思茅（今普洱）、昆明等地。思普企业局在白孟愚的带领下留守勐海，全力投身到抗日救亡活动之中。勐海茶叶的加工、销售几乎完全停止。

抗战胜利后，逃亡在外的茶商陆续返回勐海，恢复或新开茶庄也达到了20余家，但由于茶园多年荒芜，茶叶产量低，加之缅甸、印度等国增设过境关税，外销茶叶获利微薄。国内销路亦因社会不稳定等诸多因素而常处于滞销状态。许多茶庄被迫再度停产。思普企业局也曾一度恢复茶叶生产，部分产品销往昆明等地，但由于时局的变化而于1948年完全停产，白孟愚也在当年出走国外。

第三节

中华人民共和国成立后的勐海普洱茶概况

1949年，勐海全县茶叶产量仅有250t，1950年又下降到170t。勐海茶业处于历史发展的最低谷。勐海解放后，党和人民政府十分重视边疆茶叶生产的恢复与发展工作，给予了大量的人力、物力、财力支持，建立健全茶叶科研、管理及加工经营等机构（部门）。1951年7月，成立了云南省农林厅佛海茶叶试验场（即今省茶叶研究所），接管原思普企业局南糯种茶场和制茶厂等资产；1952年，勐海茶厂恢复重建。广大茶叶科技人员、生产技术人员及有关管理人员齐心协力，组织发动茶区群众垦复荒芜茶园，建设等高条栽新茶园，指导开展茶叶生产技术培训、

茶叶原料收购、茶叶加工销售等工作，促进了茶叶生产迅速恢复并走上新的发展之路。全县茶叶产量1952年恢复到418t，1957年又增加到1955t，茶叶产业逐渐成为勐海县支柱产业之一。

在普洱茶加工技术方面，1953—1954年，省茶叶研究所对普洱茶的传统加工方法进行了调查研究，总结经验，改进工艺，并在勐海茶区进一步推广生产。勐海茶厂也继续开展传统普洱茶的生产及工艺改进试验。20世纪60年代中期，勐海茶厂在生产紧压茶时开始进行人工后发酵试验，产品当时称之为“云南青”，即现代普洱茶的雏形。1974年，为适应市场的需求，并借鉴广东一带的经验，勐海茶厂对人工后发酵工艺进行改进和完善，试验生产了300kg现代意义上的普洱茶。1975年，勐海茶厂开始大批量生产人工后发酵的现代普洱茶，是国内最早生产现代普洱茶的厂家。勐海县独特的地理、气候环境，非常适合普洱茶发酵微生物的生成和繁衍，加上成熟的人工后发酵工艺技术，使勐海成为现代普洱茶最大、最佳的生产地。

勐海县1958年成立茶叶工作部，乡镇配备茶叶辅导员，指导茶区茶

叶生产工作，推动茶叶生产不断发展。1981年成立勐海县茶叶办公室（二级局），专管全县茶叶生产。之后，机构几经变更，至2017年3月改为勐海县茶业管理局，茶叶管理机构的不断完善促进了茶产业的不断发展。

在科研与技术推广方面，1984年12月成立勐海县茶叶技术辅导站（后改称推广站），开展茶叶辅导员培训、高产茶园示范、茶树良种及种植技术推广等工作。之后，1987年成立县茶园生产示范工作站；1990年，勐海各乡镇成立茶叶工作站；1992年10月建立县级茶树良种场。2003年设立县茶叶技术服务中心，下设茶叶技术推广站、茶树良种繁育场、茶园种植示范场，组成了一批稳定的茶叶生产技术推广队伍，形成了辐射全县的茶叶技术服务网络。

特别是1938年就扎根勐海的云南省农业科学院茶叶研究所，针对勐海茶区茶叶生产存在的问题及技术需求，大力开展茶叶科学试验研究、科技示范推广、技术培训等工作，在茶树新品种选育、茶叶生产新技术推广、茶叶新产品开发等方面均取得了显著的成果，成为推进勐海茶叶产业发展的重要力量。2016年，“中国勐海茶研究中心”在该所挂牌成立，标志着勐海县人民政府与省茶叶研究所双方战略合作进入了一个新的高度。

1974年，勐海县被列为全国100个产茶5万担（1担=50kg，全书同）的重点县之一；1986年被国家农业部、外贸部列为全国茶叶出口基地县之一；1987年被云南省经济委员会和省农业综示区领导小组列为全省6个茶叶综合试验示范区之一。随之而来的是勐海茶叶从栽培到加工一系列新技术得以推广和应用，促进全县茶产业快速发展，至20世纪90年代，勐海已发展成为云南省第一产茶大县。

21世纪以来，特别是“2002中国普洱茶国际学术研讨会（景洪）”召开后，世人对普洱茶的历史文化、品质特征、健康保健等方面有了更深入的认知和认同，推动普洱茶市场进一步升温，勐海再次迎来了发展的新机遇。勐海得天独厚的生态环境、勐海大叶茶独特的品种品质特征、勐海普洱茶厚重的文化底蕴，再加上勐海茶人继承传统、不断创新的各类普洱茶加工技术，形成了以“勐海味”为特征的普洱茶系列产品，在市场上备受追捧，带动勐海茶叶从原料到成品价格均不断攀升，提高了农民学习种茶制茶新技术、大力发展茶产业的积极性，勐海茶叶面积、产量、品质均不断提高。

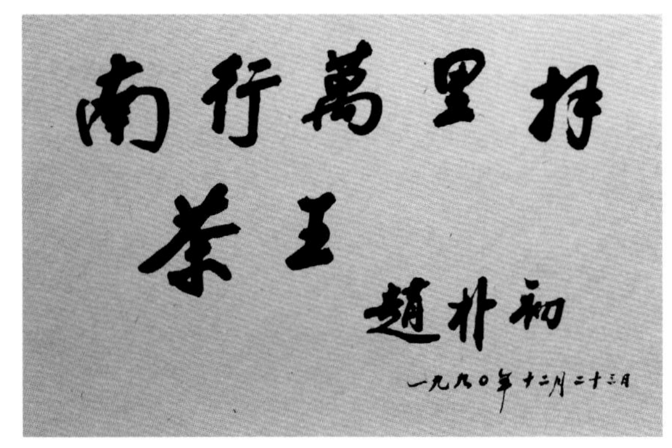

2008年，受国际金融危机的影响，茶叶价格走低、市场低迷。面对危机，勐海县委、县政府继续以“稳定、改造、提质、增效”为茶产业发展方针，实施优质高产生态茶园建设，改造中低产茶园，加大古茶树资源保护力度，加大有机茶、绿色食品茶及无公害茶生产基地建设力度。同时，加大宣传，引导普洱茶投资者、经营者、消费者转变观念，形成以消费为主的共识。通过优化结构、品质提升、科学宣传，勐海普洱茶的消费群体不断扩大，市场逐渐回暖，勐海普洱茶产业也逐步走上了规范、健康、平稳的发展之路。特别是2011年9月，勐海县委、县政府提出把勐海县打造成为“中国普洱茶第一县”的战略目标，全力把勐海县建设成为全国最大、最优、最安全的普洱茶生产加工基地。

2013年11月，国家质检总局批复同意勐海县筹建“全国普洱茶产业知名品牌创建示范区”，按照“优质、安全、生态、健康”的品牌创建理念，全力建设好“中国普洱茶第一县”。2016年8月31日，示范区顺利通过国家级验收，12月，被国家质检总局正式命名为“全国普洱茶产业知名品牌创建示范区”。

2014年，勐海县被评为“中国西部最美茶乡”；2015年，勐海县荣获“中国普洱茶文化之乡”“全国重点产茶县百强县”“中国茶业十大转型升级示范县”称号；2016年，“勐海茶”获得国家工商总局原产地地理标志证明商标，勐海茶产业步入了大品牌、规范化发展时代；2018年，勐海县荣获“2018中国茶业品牌影响力全国十强县（市）”称号，位居“中国茶业百强县”榜首。勐海普洱茶以669.8亿元的区域品牌价值位居全国农业区域品牌榜首。

经过几代茶人的不懈努力，特别是通过打造“中国普洱茶第一县”，推动勐海茶产业进入了一个新的繁荣兴盛时期。

八马信记号连续4年（2021–2024）获得老班章茶王树、茶皇后树采摘权

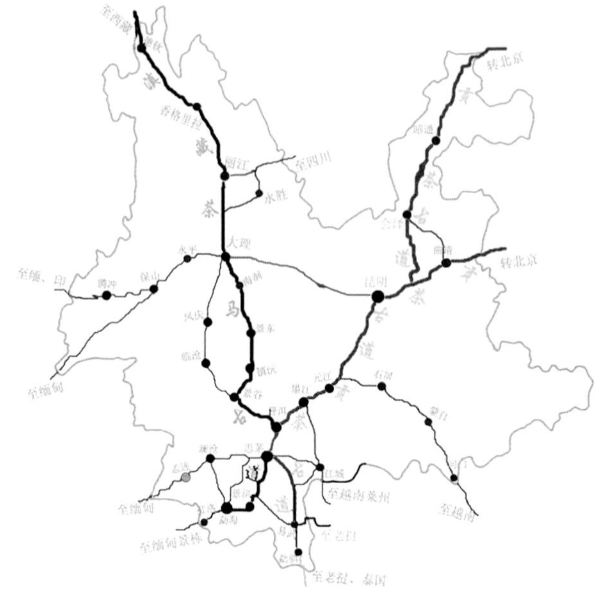

第四节

茶马古道

茶马古道是千百年来云南与内地、西藏及国外进行经济文化交流的重要通道。这些通道由一条条崎岖的古山道、古驿道及一个个城镇、村寨、驿站互相联接、延伸、发展形成，主要路段还用青石块、青石板铺设。该通道在历史上主要由马帮承担运输任务，运输的物资从唐代开始以茶叶最为大宗，因此称之为“茶马古道”。茶马古道不仅是普洱茶运销之路、普洱茶文化传播之路，同时也是边疆与内地、中国与外国进行经济文化交流的重要通道，是沿线各民族经济、文化的交流之路。

云南茶马古道有滇藏茶马古道和滇南官马大道（又称“贡茶古道”）两条主干线，并与多条支线相连，共同组成了茶马古道运输网络。

勐海位于云南之南，自古至今都是中国遥远的边疆。在漫长的历史长河中，勐海与外界的联系主要是通过一条条崎岖、险峻、幽深的茶马古道来完成的。然而，就像现代的公路有柏油路、弹石路、土路一样，茶马古道也有青石路、砾石路、土路之分。勐海境内的茶马古道由于历史条件及自然因素，一直都没有铺设大青石，但驮茶的马帮却已走过千年的历史，是云南茶马古道的起点之一。

距今1000多年前的唐宋时期，勐海等地出产的茶叶就已经由马帮驮运到景东（银生城）、大理。

明清时期，勐海出产的晒青毛茶也通过茶马古道驮运到思茅等地，再加工成各类普洱紧压茶，最后由马帮运销海内外。

民国时期，勐海逐渐成为普洱茶的原料中心、加工中心和集贸中心，成为茶马古道运输的起点站，而四通八达的茶马古道运输线路正是民国时期勐海制茶业崛起的重要因素。茶马古道在勐海县境内有东、南、西、北四条线路：

（1）东线：勐海镇（往东）→景洪，再由景洪往北到思茅、宁洱，再转向西北，经景东到大理、丽江、维西（或香格里拉）、德钦，再进入西藏芒康，最后到达拉萨。据李佛一先生统计，这条茶马古道全长3340多千米，马帮连续行程单边历时97天。其中勐海至景洪50km，马帮行程2天。

（2）南线：勐海镇（南下）→打洛→缅甸景栋，再由景栋经仰光等地到印度、欧美或到泰国等东南亚国家。其中，勐海镇→打洛茶马古道全长77km，马帮行程3天。

（3）西线：勐海镇（往西）→澜沧→孟连→缅甸，再经缅甸转运到印度或东南亚其他国家。这也是清代与民国时期勐海普洱茶边境贸易常走之路。

（4）北线：勐海镇（北上）→勐阿→勐往→思茅，再由思茅转昆明或转大理、丽江、香格里拉到西藏。

第五节

茶马古镇

在茶马古道上，通常按一日的马程设置马站和马店，供马帮食宿、休整。有的马站因地理位置适宜，具有物资中转、交流的功能，因此，来往的马帮及定居人口逐渐增多，市面逐渐繁荣起来，形成了一个个集镇，称之为“茶马古镇”。勐海县境内的茶马古镇主要有勐海镇、打洛镇、勐遮镇、勐混镇、勐满镇、勐阿镇等。

一、勐海镇

勐海镇是勐海县的政治、经济、文化中心，位于勐海坝子东部边缘的象山脚下。全镇土地面积365.38km^2，海拔1090～1987m，年平均气温19.3℃，气候温和宜人。

民国时期的勐海镇是云南茶马古道上重要的马帮驿站之一，是终点站，也是起点站。南来北往的马帮在此驻留、休整、交易，本地产的茶叶、樟脑，藏族聚居地来的药材，外国来的洋货，等等，各种物资在这里完成交易，各民族文化也在这里进行交流。勐海镇也因此成为民国时期西双版纳重要的商贸文化活动中心，是西双版纳最为繁华热闹的街市。

二、打洛镇

打洛镇位于勐海县西南部，是昆洛公路的终点，镇政府距勐海县城65km，距昆明648km，西部和西南部与缅甸接壤，国境线长36.5km，属于国家一类口岸。全镇土地面积400.16km^2，海拔598～2175m，属北热带气候类型，年平均气温21.9℃，年降雨量1220mm。镇政府驻地海拔630m，距缅甸掸邦东部第四特区勐拉县城3km，距泰国北部城市清迈500km，是中国通向东南亚国家距离最近的内陆口岸和最便捷的通道。

打洛，傣语意为“不同民族共居的渡口”，自唐代以来就是云南通向东南亚各国的重要商埠驿站和通道，是中缅两国各族边民互市的重要场所。

三、勐遮镇

勐遮镇位于勐海县中西部，镇政府距勐海县城22km。全镇总面积

462km²，海拔1172～2147m。勐遮坝子面积156km²，是西双版纳州面积最大的坝子，素有“滇南粮仓”等美誉。

勐遮，傣语意为“湖水浸泡过的平坝”，民国时期是普洱茶原料的主要产地之一，也曾设有多家茶庄，从事普洱紧压茶的加工及营销。勐遮是勐海茶马古道西线勐海至澜沧途中的一个重要站点，来来往往的马帮也不少。

四、勐混镇

勐混镇位于勐海县东南部，镇政府距勐海县城15km，全镇总面积329km²，海拔1181～1987m。

勐混，傣语意为“河水转道之坝”，在民国时期属于佛海茶区的一部分，也有茶商在勐混开设茶庄，从事普洱紧压茶的加工与经营。同时，勐混也是民国时期勐海镇南下打洛茶马古道的第一个站点，来往马帮较多。

五、勐满镇

勐满镇位于勐海县西北部，镇政府距勐海县城56km。全镇土地面积488.39km^2，海拔838～2192m。

勐满，傣语意为“模糊不清的坝子”，自古至今都被称为西双版纳的“西北大门”，其西面、西北面与普洱市澜沧县糯福乡、惠民镇毗邻，国道214线贯穿辖区，联通勐海县城和澜沧县城。勐满是西双版纳州与普洱市的重要陆路通道，也是民国时期勐海茶马古道西线勐海至澜沧、孟连再出境缅甸途中的一个重要站点，同时还是一些勐海茶商马帮到澜沧景迈古茶山驮运茶叶的一个重要站点。

六、勐阿镇

勐阿镇位于勐海县北部，镇政府距勐海县城30km。全镇土地面积538.77km^2，海拔551～2077m。

勐阿，傣语意为“沸水落滚的坝子”，是民国时期勐海茶马古道北上线的一个重要站点，是驮茶的马帮从勐海县城北上直达思茅的必经之地。

第六节

勐海茶庄

茶庄主要是指加工、经营各类普洱紧压茶的家庭作坊，一般都有自己的名号，故又叫“茶号”。一家茶庄通常建有一盘以上蒸茶的灶台，并请有一名甚至多名揉茶师负责加工，而茶庄庄主主要负责日常管理与销售。民国时期，勐海茶庄一度兴盛，但由于种种原因，今天在勐海境内已找不到老茶庄的痕迹，只能通过文献资料来探寻那曾经的辉煌。

一、茶庄概况

勐海茶庄起步较晚，但发展很快，产量较高。1910年，石屏茶商张棠阶创办了勐海第一个茶叶加工作坊——“恒春茶庄”，从思茅请来揉茶师，收购晒青毛茶，就地加工成紧茶、饼茶等普洱茶产品，再经思茅等地转销藏族聚居地，或出境销往东南亚、南亚诸国。

由于勐海茶叶品质独特，且原料充足，价格相对低廉，制茶成本低，输出也较为便利，因此吸引了众多的茶商来开设茶庄，收购晒青毛茶，加工成各种普洱紧压茶，促进了茶业的繁荣。至20世纪30—40年代，勐海境内（包括当时的佛海和南峤）大小茶庄共有20多家，每年加工紧茶、饼茶、砖茶等普洱紧压茶1000多吨，特别是1938—1941年，年产量均在2000t以上，其中，85%为紧茶，销往中国西藏及尼泊尔、不丹一带；15%为饼茶，销往缅甸、泰国及南洋一带。勐海也成为普洱茶的原料中心、加工中心及集贸中心。1942年，因勐海屡遭日本飞机轰炸，茶庄被迫停办。抗战胜利后，勐海茶庄一度恢复到20多家，但到1949年，因政局动荡而又纷纷停办了。

民国时期的勐海茶庄主要有恒春、洪记、可以兴、恒盛公、新民、复兴、鼎兴、利利、云生祥、时利和、大同、吉安、湘记、公亮、广利等等。

二、茶庄文化

茶庄文化包括建筑文化、品牌文化、商贸文化等方面。

建筑文化：勐海老茶庄的建筑文化与易武、倚邦一带的有所不同。同为西双版纳辖地，但易武、倚邦一带的茶庄具有较多的汉文化元素，其建筑属于内地风格的四合院。而勐海老茶庄起步较晚，受汉文化的影响也较晚，体现在茶庄建筑风格上，有一部分是汉式四合院，其建筑结构和布局，甚至一砖一瓦，都与内地汉族地区基本相同；还有一部分是傣族干栏式建筑。两种建筑风格的茶庄在勐海并存，这是勐海茶庄建筑文化的特色。

品牌文化：勐海茶庄大部分拥有自己的名号，在这个名号之下，依托特定古茶山的茶叶原料加工各类普洱茶，由此而产生的产品品质特点、外形特点以及产品外包装、内飞等，都属于这一茶庄的品牌文化范畴，具有多样性的特点，如“洪记”“恒盛公”“可以兴”“新民”“鼎兴”等。

商贸文化：茶庄商贸文化是茶马古道文化的一部分。通常，茶庄收购毛茶或鲜叶，加工成各类紧压茶产品后外销，有一定的销路和销区。在这个过程中，一方面是以茶为主的商品往来贸易，促进了经济的发展；另一方面是在商品往来贸易中，各民族文化的交流与融合促进了各民族之间的了解和团结，促进了边疆民族地区的稳定。

三、茶庄义举

茶庄的发展带动了勐海茶叶生产的发展，从种植、加工到销售都经历了较长时间的兴旺局面，茶农、茶工、茶商、茶庄主等涉茶人员及有关服务行业的人员，都不同程度地获得了经济收入。特别是茶庄创办人（也称“庄主”），通过长期的发展，积累了一定的资本，在壮大茶庄的同时，也投资兴建学校、医院、街道、桥梁、商铺、客栈、马店等，促进了经济的发展、文化的交流，对祖国西南边疆也起到了稳定的作用。如“可以兴”茶庄周文卿和“复兴”茶庄李拂一等人，对县城进行规划、建设，组织商人集资修桥铺路。

1942—1943年，日寇侵占缅甸并进犯中国边境打洛等地，国民党九十三师退守车佛南三县并守卫边境一线，其中师部及下属一个团驻佛海县城，另一个团驻勐混。边境一线时有战事发生，日本飞机甚至到勐海境内侵扰、轰炸。国难当头之际，各勐土司积极组织起来支援前线抗日，组建“旦娜”（傣语，汉译为“办理重大事情”）办事处，其中，勐海“旦娜”由“新民”茶庄的刀宗汉、“时利和”茶庄的王球时挂帅，勐混“旦娜”也是由开办茶庄的土司代办刀栋材等人负责。“旦娜”办事处的主要任务就是为军队筹措粮食及日用品，为军队运送物资、弹药，护送伤病员，传递信息等。办事处根据任务的实际需要，组织、抽调当地各族群众，不顾危险、不分昼夜、风雨无阻，较好地完成了部队的后勤保障等多项任务，为保家卫国、抗战胜利作出了贡献。

第四章 勐海味之古树茶香

勐海县境内现存众多的古茶山、古茶园、古茶树是茶树原产地及普洱茶发祥地的活证据，是世界茶文化的根源，是人类文明的重要遗产，具有重大的科学研究价值、旅游开发价值和生产应用价值。

这些古茶山、古茶园、古茶树也是勐海县丰富多彩的普洱茶文化的源头。经历了千百年的风雨沧桑，见证了勐海普洱茶区各民族的勤劳、勇敢和善良，古茶山上洒满了茶区儿女世世代代辛勤的汗水，古茶树也寄托了茶区儿女一代又一代的希望，是茶区各族人民幸福生活的源泉。

古茶树是指树龄在100年以上的茶树。古茶山是指历史上曾经大面积种茶，至今成片保存有人工栽培古茶树的区域，这些古茶树的生长有一定密度，且结构稳定、系统平衡，具有持久的经济、生态和社会效益。

第一节

野生古茶树居群

勐海县野生茶树居群分布于勐海县西定乡曼佤村巴达大黑山、格朗和乡雷达山和勐宋乡滑竹梁子等 3 地，生长于森林覆盖率 85% 以上、海拔 1870 ～ 2400m 的原始森林中，面积共约 125700 亩，密度约 12 株 / 1600m^2。境内植被类种为热带山地雨林、热带山地常绿阔叶林和季风常绿阔叶林，野生种子植物有 150 科 710 属 1503 种，其中含 20 种及以上的优势科 23 科 366 属 840 种；蕨类植物有 33 科 55 属 118 种。境内地貌为山地地貌、河谷地貌、沟谷地貌、构造地貌和重力地貌等，土壤有红壤、黄壤和黄棕壤。

一、西定乡野生茶树居群

西定乡野生茶树居群分布于勐海县县级自然保护区勐海县境西定乡曼佤村巴达大黑山，海拔1870～2150m，面积共约76005亩密度约16株/1600m^2。境内植被种类为热带山地雨林、热带山地常绿阔叶林和亚热带季风常绿阔叶林，境内伴生有中华桫椤（*Alsophila costularis*）、泽泻蕨（*Mickelopteris cordata*）、铁芒萁（*Dicranopteris linearis*）、红椿（*Toona ciliata*）、大叶木兰（*Lirianthe henryi*）、合果木（*Michelia baillonii*）、西南木荷（*Schima wallichii*）、大叶木莲（*Manglietia dandyi*）、芳樟（*Cinnamomum camphora* var. *linaloolifera*）和西桦（*Betula alnoides*）等。境内地貌为山地地貌、河谷地貌、沟谷地貌、构造地貌和重力地貌等，土壤有红壤、黄壤和黄棕壤。

西定乡野生种茶树居群（李友勇，2018）

（一）管护

西定乡野生茶树居群分布于勐海县巴达大黑山自然保护区内，野生茶树均为自然生长，均未受人为栽培措施的影响。

（二）长势

西定乡野生茶树居群调查的7株最具代表性的野生大茶树总体长势较好，长势好的株数（3株）占调查总数（7株）的42.86%；长势较好的株数（3株）占调查总数（7株）的42.86%；死亡的株数（1株）约占调查总数（7株）的14.29%。

勐海镇茶树长势情况

长势	好	较好	较差	差	濒临死亡	死亡
数量（株）	3	3	—	—	—	1
长势比例（%）	42.86	42.86	—	—	—	14.29

（三）树体

西定乡野生茶树基部干径最小为0.32m、最大为0.7m、变幅0.38m、均值0.47m、标准差0.13m、变异系数27.66%；树高最低为5.60m、最高为18.50m、变幅为12.90m、均值为13.12m、标准差4.90m、变异系数37.35%；第一分枝高最低为0.30m、最高为15.20m、变幅为14.9m、均值为4.48m、标准差5.55m、变异系数123.88%；树冠（2.20m×3.00m）～（6.50m×7.00m）、变幅为4.00m×4.30m、均值3.88m×3.98m、标准差1.50m×1.62m、变异系数37.69%×41.75%。

巴达茶王树

巴达茶王树位于勐海县西定乡曼佤村委会贺松大黑山（原属巴达乡，故名为巴达野生大茶树），最早于1961年10月由云南省农业科学院茶叶研究所（以下简称省茶叶研究所）张顺高、刘献荣等人前往考察，张顺高撰写出《云南（巴达）野生大茶树的发现及其意义》一文并发表在湖南《茶叶通讯》1963年第1期上，论证了中国是世界茶树的原产地，在国内外引起了较大反响，是国内最早发现并公开报道的大理茶种野生大茶树居群。

贺松大黑山面积5km^2，海拔1760～2249m，属季风常绿阔叶林带，现已划为自然保护区。在大黑山核心区2km^{2}的范围内，现存基部围粗1.5～3.3m的野生型古茶树10多株，基部围粗0.6～0.8m的野生茶树分布密度为每公倾3～5株，高0.8m以下的野生茶树小苗随处可见。其中，代表性植株位于100°06′34″E，21°49′45″N处，海拔1910m，处于一棵巨

树龄达1700多年的勐海巴达野生种茶树王（1960年发现）

大的红毛树下方。这株大茶树主干直径1.03m，距地面1m左右处有紧密并生的一级分枝4枝，直径在25～40cm之间，树干有空洞，树高15m左右（原高32.12m，1967年被风吹断），树冠直径8m，叶椭圆形，叶长宽平均14.7cm×6.4cm，鳞片和芽叶均无毛，芽叶黄绿色带紫色。花特大，花径7.1cm，花瓣12瓣，子房多毛，柱头5裂，属于大理茶（*C. taliensis*）种。经省茶叶研究所等有关单位的专家多方考证，这株野生型大茶树的树龄高达1700多年，被尊称为野生型“古茶树王”。

巴达野生大茶树居群及野生型“古茶树王”的存在，有力地证明了中国是世界茶树原产地，勐海是茶树原产地的中心地带。自20世纪60年代以来，1700多年的巴达野生型“古茶树王”吸引了无数中外专家、学者、游客前来考察、参观、朝拜，茶树王众望所归，获得了世界的认可，赢得了无数的赞叹与敬重。但遗憾的是，2012年9月，由于年高势衰，这株1700多年的野生型“古茶树王”自然倒伏而逝。勐海县人民政府组织当地村民将茶树王的躯干搬运到国道214线附近勐海工业园区内的陈升茶业有限公司，并建盖“茶王宫”进行永久保存。

二、勐宋乡野生茶树居群

勐宋乡野生茶树居群分布于被人誉为“西双版纳屋脊”和“西双版纳之巅”的西双版纳第一高峰——滑竹梁子，地跨勐海县勐宋乡蚌冈、蚌龙和曼吕等3个村，海拔1900～2400m，面积共约46995亩，密度约12株/1600m^2。境内植被类种为热带山地雨林、热带山地常绿阔叶林和亚热带季风常绿阔叶林，境内伴生植物有苏铁蕨（*Brainea insignis*）、草珊瑚（*Sarcandra glabra*）、五柱滇山茶（*Camellia yunnanensis*）、马尾杉（*Phlegmariurus phlegmaria*）、长蕊木兰（*Alcimandra cathcartii*）、黑黄檀（*Dalbergia cultrata*）、千果榄仁（*Terminalia myriocarpa*）、红椿（*Toona ciliata*）、滇南风吹楠（*Horsfieldia tetratepala*）、厚朴（*Haupoea officinalis*）、江南桤木（*Alnus trabeculosa*）、山乌桕（*Triadica cochinchinensis*）、剑叶龙血

树（*Dracaena cochinchinensis*）和岗柃（*Eurya groffii*）等。境内地貌为山地地貌、河谷地貌、沟谷地貌、构造地貌和重力地貌等，土壤有红壤、黄壤和黄棕壤。

勐宋乡野生种茶树居群（左图、右图：蒋会兵，2014；中图：李友勇，2018）

（一）管护

茶树居群分布于勐海县勐宋乡蚌冈、蚌龙和曼吕等3个村，野生茶树均为自然生长，均未受人为栽培措施的影响。

（二）长势

调查的勐宋乡野生茶树居群12株最具代表性的野生大茶树总体长势较好，长势好的株数（9株）占调查总数（12株）的75.00%；长势较好的株数（2株）约占调查总数（12株）的16.67%；长势较差的株数（1株）约占调查总数（12株）的8.33%。

勐宋乡野生茶树长势情况

长势	好	较好	较差	差	濒临死亡	死亡
数量（株） 9 2			1	—	—	—
长势比例（%）	75.00	16.67	8.33	—	—	—

（三）树体

勐宋乡野生茶树居群基部干径最小为0.16m、最大为0.80m、变幅0.64m、均值0.52m、标准差0.15m、变异系数28.85%；树高最低为4.30m、最高为11.30m、变幅为7.00m、均值为6.76m、标准差2.38m、变异系数35.21%；第一分枝高最低为0.20m、最高为2.86m、变幅为2.66m、均值为0.66m、标准差0.73m、变异系数110.61%；树冠（1.30m×1.40m）～（5.80m×5.80m）、变幅为4.40m×4.50m、均值3.23m×3.50m、标准差1.42m×1.47m、变异系数42.00%×43.96%。

滑竹梁子茶王树

勐宋滑竹梁子101号野生大茶树（大理茶种）位于勐海县勐宋乡蚌龙村委会滑竹梁子。野生型。乔木型，树姿直立，树高11.3m，树幅2.4m×3.6m，基部干径79.6cm，最低分枝高0.88m，分枝稀。嫩枝无毛。芽叶绿色、无毛。大叶，叶长11.4～15.3cm，叶宽4.1～6.0cm，叶面积35.8～48.2cm^2，叶长椭圆形，叶色深绿，叶身平，叶面平，叶尖渐尖，叶脉8.0～10.0对，叶齿少齿形，叶缘平，叶背无毛，叶基楔形，叶质柔软。萼片无毛、绿色、5.0～6.0枚。花冠直径6.1～8.1cm，花瓣8.0～12.0枚、白色、质地厚，花瓣长宽均值2.1～2.9cm，子房有毛，花柱先端5裂以上、裂位中，花柱长1.4～1.5cm，雌蕊等高于雄蕊。果梅花形，果径2.5～2.8cm，鲜果皮厚2.0～3.0mm，种球形，种径1.5～1.8cm，种皮棕褐色。

三、格朗和乡野生种茶树居群

格朗和乡野生茶树居群分布于西双版纳州州级自然保护区勐海县境内格朗和乡帕真村雷达山，海拔2075～2200m，面积共约2700亩，密度约20株/1600m^2。境内植被类种为热带山地雨林、热带山地常绿阔叶林和季风常绿阔叶林，境内伴生植物有桫椤（*Alsophila spinulosa*）、巢蕨（*Asplentum nidus*）、金毛狗（*Cibotium barometz*）、云南拟单性木兰（*Parakmeria yunnanensis*）、卫矛叶单室茱萸（*Mastixia euonymoides*）、野柿（*Diospyros kaki* var. silvestris）、湄公锥（*Castanopsis mekongensis*）、楝（*Melia azedarach*）、茶梨（*Anneslea fragrans*）、薄叶卷柏（*Selaginella delicatula*）等。境内地貌为山地地貌、沟谷地貌、构造地貌和重力地貌等，土壤有红壤、黄壤和黄棕壤。

雷达山野生种茶树居群（左图、中图：李友勇，2018；右图：蒋会兵，2014）

（一）管护

野生茶树居群分布于西双版纳州州级自然保护区勐海县境内格朗和乡帕真村雷达山和勐海县格朗和乡南糯山村捌玛村小组，野生茶树均为自然生长，均未受人为栽培措施的影响。

（二）长势

调查的格朗和乡野生茶树居群11株最具代表性的野生大茶树总体长势较好，长势好的株数（8株）约占调查总数（11株）的72.73%；长势较好的株数（1株）约占调查总数（11株）的9.09%；长势较差的株数（1株）约占调查总数（11株）的9.09%，濒临死亡的株数（1株）约占调查总数（11株）的9.09%。

滑竹梁子野生茶树长势情况

长势	好	较好	较差	差	濒临死亡	死亡
数量（株） 8 1			1	—	1	—
长势比例（%）	72.73	9.09	9.09	—	9.09	—

（三）树体

基部干径最小为0.14m、最大为0.91m、变幅0.77m、均值0.62m、标准差0.24m、变异系数38.71%；树高最低为3.60m、最高为23.00m、变幅为19.40m、均值为15.63m、标准差6.69m、变异系数42.80%；第一分枝高最低为0.37m、最高为1.78m、变幅为1.41m、均值为0.82m、标准差0.48m、变异系数58.54%；树冠（2.80m×3.00m）～（10.10m×10.20m）、变幅为7.10～7.40m、均值4.31m×4.60m、标准差2.00m×2.11m、变异系数45.87%×46.4%。

帕真茶王树

格朗和帕真151号野生大茶树（大理茶种）位于勐海县格朗和乡帕真村委会芹菜塘国营林内。野生型。乔木型，树姿直立，树高23m，基部干径90.8cm，最低分枝高0.6m，分枝稀。嫩枝无毛。成叶绿色、无毛。大叶，叶长10.8～14.5cm，叶宽4.3～6.2cm，叶面积33.7～62.9cm^2，叶椭圆形，叶色深绿，叶身平，叶面平，叶尖渐尖，叶脉8.0～13.0对，叶齿少齿形，叶缘平，叶背无毛，叶基楔形，叶质柔软。萼片无毛、绿色、5.0～6.0枚。花冠直径6.8～7.9cm，花瓣9.0～12.0枚、白色、质地厚，花瓣长宽均值2.3～3.7cm，子房有毛，花柱先端5裂以上、裂位浅，花柱长1.4～1.5cm，雌蕊等高雄蕊。果四方形、梅花形，果径2.5～3.9cm，鲜果皮厚3.8～4.5mm，种球形，种径1.5～2.0cm，种皮棕色。

第二节

栽培种古茶树

勐海县是公认的世界茶树原产地中心地带和驰名中外“普洱茶”的原产地之一，植茶的自然环境和气候条件得天独厚，各族人民种茶、制茶、饮茶、贸茶的历史有悠久。境内迄今生长着树龄800年以上的南糯山栽培种茶王树和1700年的巴达野生种茶树王，古茶山面积分布广、生长茂盛，是茶叶发展历史的活见证。

勐海县勐海镇、勐混镇和布朗山乡等11个乡（镇）37个村132个村民小组均有古茶树分布，大部分分布在山区、半山区，海拔1000～2200m，自然生态环境良好，生物多样性丰富。面积共约80551.3亩，密度约129株/亩，共约10405848株。其中，基部干径＜15cm共约6426652株，占总株数的61.76%；基部干径15～20cm共约1641002株，占总株数的15.77%；基部干径20～30cm共约1744020株，占总株数的16.76%；基部干径30～40cm共约424559株，占总株数的4.08%；基部干径40～50cm共约120708株，占总株数的1.16%；基部干径≥50cm共约48907株，占总株数的0.47%。古茶山干毛茶年总产量约为3583467kg（基部干径指基部直径；15～20cm指大于等于15cm而小于20cm、20～30cm指大于等于20cm而小于30cm、30～40cm指大于等于30cm而小于40cm、40～50cm指大于等于40cm而小于50cm；下同）。

树龄 800 年的南糯山古茶树（2002 年新发现）

一、勐海镇古茶山

勐海镇位于勐海县东部，地处100°18′～100°32′E，21°52′～22°9′N，东依勐宋乡，东南与格朗和乡相连，西南与勐混镇相邻，西与勐遮镇、勐满镇交界，北与勐阿镇相接，是全县政治、经济、文化中心，总面积365.38km^2，勐海坝子面积7.8万亩。下辖景龙、曼贺、曼袄、曼尾、曼短、曼真、曼稿和勐翁等8个村和象山、沿河和佛双等3个社区居民委员会共93个村民小组和26个社区居民委员会。境内主要有哈尼族、布朗族、拉祜族、汉族、佤族和傣族等9个民族。

勐海镇古茶山主要分布于勐翁（曼滚上寨、曼滚下寨、曼派、曼嘿）、勐翁（曼兴、曼捌）和曼稿（长田坝）等3个村，面积共约846.3亩，密度约69株/亩，共约57983株。其中，基部干径＜15cm共约41525株，占总株数的70.77%；基部干径15～20cm共约12639株，占总株数的21.54%；基部干径≥20cm共约4512株，占总株数的7.69%。古茶山干毛茶年产量共约38164kg。生境为季节性雨林、伴常绿季雨林、山林、暖热性针叶林、竹林、禾本科草类灌丛植被类种，古茶山中间作有澳洲香樟树、移依树和澳洲坚果等，伴生植物主要有苏铁、桫椤、红椿、大叶木兰、火麻树、榕树等。遮阴树为8～10株/亩，树高均在10m以上，树幅8m以上。

曼稿国家自然保护区高杆大茶树（李友勇，2019）

曼滚古茶山

曼滚古茶山主要分布于勐翁村滚下寨村民小组和曼滚上寨村民小组，面积共约146.65亩，密度约69株/亩，共约20335株。其中，基部干径＜15cm共约14391株，占总株数的70.77%；基部干径15～20cm共约4380株，占总株数的21.54%；基部干径≥20cm共约1564株，占总株数的7.69%。古茶山干毛茶年总产量共约13226kg。生境为季节性雨林、伴常绿季雨林、山林、暖热性针叶林、竹林、禾本科草类灌丛植被类种，古茶山中间作有澳洲香樟树、移柀树和澳洲坚果等，伴生植物主要有苏铁、桫椤、红椿、大叶木兰、火麻树和榕树等。遮阴树为8～10株/亩，树高均在10m以上，树幅8m以上。

曼滚古茶山（李友勇，2019）

二、勐混镇古茶山

勐混镇位于勐海县西南方向，东北邻勐海镇，东连格朗和乡，南邻布朗山乡，西南接打洛镇，西北连勐遮镇，距县城17km，总面积329km^2。勐混镇属亚热带季风气候，年降雨量1300～1500mm，坝区年均气温18～19℃；土壤为砖红壤性红壤和红壤。下辖勐混、曼国、曼蚌、曼赛、曼扫、贺开和曼冈等7个村81个村民小组。境内有傣族、哈尼族和拉祜族等少数民族。

勐混镇古茶山除主要分布于贺开村（曼弄老寨、曼弄新寨、曼迈、曼囡、邦盆老寨、邦盆新寨、广岗老寨）、曼蚌村（广别老寨、广别新寨）。面积共约17150亩，密度约139株/亩，共约2391853株。其中，基部干径＜15cm共约1202624株，占总株数的50.28%；基部干径15～20cm共约484828株，占总株数的20.27%；基部干径20～30cm共约571653株，占总株数的23.90%；基部干径30～40cm共约109786株，占总株数的4.59%；基部干径40～50cm共约22962株，占总株数的0.96%。古茶山干毛茶年产量共约940925kg。

邦盆古茶山（李友勇，2019）

曼弄老古茶山（李友勇，2021）

1.贺开古茶山

贺开古茶山位于勐海县勐混镇贺开村委会，距勐海县城30km。古茶山占地面积达666.67hm^2，现存古茶山分布在贺开村委会6个村民小组，总面积522.67hm^2。古茶山的历史有1000多年，茶树最早为布朗族先民所种植，约500多年前，布朗族迁走后，拉祜族迁徙到贺开一带，在原有的基础上开始利用并不断扩大种植茶树。直至今日，依靠丰富的古茶树资源，贺开当地拉祜族等民族群众走上了增收致富之路，生活条件大为改善，经济、文化水平也不断提高。

贺开古茶山核心区为曼迈、曼弄老寨和曼弄新寨3个拉祜族村寨集中连片的482.67hm^{2}古茶山，这是国内现存最大一片集中连片的古茶山。其中，曼迈村有280hm^2，曼弄新寨有112.67hm^2，曼弄老寨有90hm^2。这片古茶山海拔1400～1800m，土壤为黄棕壤。古茶树长势旺盛，平均密度在1950株/hm^{2}左右，树龄在300～700年之间。这些古茶树生长在村寨附近良好的自然生态环境中，许多古茶树就生长在村民的房屋旁边，从整体来看，3个拉祜族寨子都处在古茶山之中，“林中有茶，茶中有寨，茶生寨中，茶寨相融”构成一幅人与自然和谐共生的生态景观。

贺开古茶山的边缘区为广岗、班盆老寨、曼囡三地的古茶山，其中，广岗哈尼族村有古茶山30hm^2，班盆拉祜族老寨有古茶山6hm^2，曼囡拉祜族寨有古茶山4hm^2。

贺开古茶山代表性植株为生长在曼弄新寨、老寨交界处的贺开古茶树1号，属于普洱茶（*Camellia sinensis* var. *assamica*）种，海拔1760m。植株乔木型，树姿开张；树高3.8m，树幅7.3m×6.55m，基部围粗2.35m，最大干围（距地面0.45m）1.85m，自基部0.55m处有5叉分枝，发芽密，芽叶色泽黄绿，茸毛多，叶长12.1～15.0cm，宽4.7～5.5cm，叶形椭圆，叶色深绿，叶质软。树龄约700年。

2.曼迈古茶山

曼迈古茶山位于勐混镇贺开村曼迈村民小组，面积共约5000亩，密度约113株/亩，共约565333株。其中，基部干径＜15cm共约223985株，占总株数的39.62%；基部干径15～20cm共约143990株，占总株数的25.47%；基部干径20～30cm共约159989株，占总株数的28.30%；基部干径30～40cm共约31998株，占总株数的5.66%；基部干径≥40cm共约5371株，占总株数的0.95%。古茶山干毛茶年总产量约为268065kg。

曼迈古茶山（李友勇，2019）

3.广别老寨古茶山

广别老寨古茶山位于勐混镇曼蚌村广别老寨村民小组和广别新寨村民小组，面积共约900亩，密度约128株/亩，共约115200株。其中，基部干径<15cm共约61436株，占总株数的53.33%；基部干径15～20cm共约19204株，占总株数的16.67%；基部干径20～30cm共约25920株，占总株数的22.50%；基部干径30～40cm共约6716株，占总株数的5.83%；基部干径≥40cm共约1924株，占总株数的1.67%。古茶山干毛茶年总产量约为42433kg。

广别老寨古茶山（李友勇，2019）

三、布朗山乡古茶山

布朗山乡位于勐海县南部，乡政府距离县城91km，东与景洪市勐龙镇交界，南和西与缅甸接壤，西北连打洛镇，东北连勐混镇，边境线长70.1km，是我国唯一的布朗族民族乡。全乡东西横距38km、南北纵距28km，总面积1016km^2，占勐海县的1/5；森林覆盖率为67%。境内山峦起伏，沟谷纵横，最高海拔2082m、最低海拔535m，形成东北高、西南低的地势。下辖勐昂、章家、新竜、曼囡、结良、曼果和班章等7个村63个村民小组，共5159户计22350人。境内主体民族为布朗族，共14948人，占总人口的66.9%；哈尼族共3807人，占总人口的17%；拉祜族共2868人，占总人口的12.8%。

布朗山乡古茶山主要分布于班章（老班章、新班章、老曼峨、坝卡竜、坝卡囡）、勐昂（帕点、勐昂、勐囡、曼诺、新南冬）、新竜（曼捌老寨、曼捌新寨、空坎、戈新龙、曼新竜上寨、曼新竜下寨、曼纳）、曼囡（曼囡老寨、曼木、道坎）、结良（吉良、帕亮、曼迈、曼龙）和曼果村（阿梭）等6村，南亚热带季风气候，阳光充足，雨量充沛，年均降雨量1374mm，年均气温18～21℃，全年基本无霜或有霜期

很短。土壤为砖红壤和黄壤，植被为热带季节雨林、热带山地雨林和热带山地常绿阔叶林，古茶山中间作有香樟树、移椓树、桤木、红毛树和其他树种，遮阴树为5～7株/亩，树高均在6m以上，树幅5m以上。古茶山面积共约19446亩，密度约128株/亩，共约2494655株。其中，基部干径＜15cm共约1524733株，占总株数的61.12%；基部干径15～20cm共约411867株，占总株数的16.51%；基部干径20～30cm共约420100株，占总株数的16.84%；基部干径30～40cm共约95296株，占总株数的3.82%；基部干径40～50cm共约29437株，占总株数的1.18%；基部干径≥50cm共约13222株，占总株数的0.53%。古茶山干毛茶年产量共约900470kg。

新班章古茶山（李友勇，2019）

1.老曼峨古茶山

老曼峨古茶山位于布朗山乡班章村委会老曼峨村民小组。老曼峨是布朗族在布朗山最早建立的寨子之一，老曼峨是整个勐海县布朗山最古老、最大的布朗族村寨。据寨里古寺内的石碑记载，其建寨时间恰好就是傣族传统的傣历元年纪年，至今已有1371年的历史，其种茶历史有1000年以上。这里的古茶山中，一棵棵刻满沧桑岁月的古茶树，见证了布朗族先民“濮人”久远的种茶历史。至今，老曼峨寨子现存古茶山213.7hm^2，分布在该村四周的森林中，海拔1300m左右，古茶树平均密度为1545株/hm^2，树龄均在200年以上，分布着大量的普洱茶种（*Camellia sinensis* var. *assamica*）和苦茶变种（*C.assamica.* var. *kucha*）。代表性植株为老曼峨古茶树1号，属于普洱茶种（*Camellia sinensis* var. *assamica*），大叶类，位于老曼峨村对面山坡上，海拔1350m，植株乔木型，树姿直立；树高7.08m，树幅5.9m×5m，基部围粗1.2m，最大干围（距地面0.75m）1.14m，树龄约500年。

另外，老曼峨还有新茶园56.8hm^2。

2.老班章古茶山

老班章古茶山位于布朗山乡班章村老班章村民小组，面积共约7044亩，密度约82株/亩，共约578547株。其中，基部干径＜15cm共约255428株，占总株数的44.15%；基部干径15～20cm共约75153株，占总株数的12.99%；基部干径20～30cm共约165291株，占总株数的28.57%；基部干径30～40cm共约60111株，占总株数的10.39%；基部干径40～50cm共约15042株，占总株数的2.60%；基部干径≥50cm共约7521株，占总株数的1.30%。古茶山干毛茶年总产量约为497195kg。老班章茶因香气高、滋味浓郁、回甘生津感强烈、耐泡等特性被誉为“普洱茶之王”，市场上有“霸气”之说。其晒青毛茶价格比其他茶山同等茶高出几倍乃至几十倍，但仍然深受广大普洱茶消费者喜爱。

3.新南冬古茶山

新南冬古茶山位于布朗山乡勐昂村新南冬村民小组，面积共约151亩，密度约86株/亩，共约13049株。其中，基部干径＜15cm共约7146株，占总株数的54.76%；基部干径15～20cm共约1865株，占总株数的14.29%；基部干径20～30cm共约3728株，占总株数的28.57%；基部干径≥30cm共约310株，占总株数的2.38%。古茶山干毛茶年总产量约为8181kg。

班章古茶树 1 号

新南冬古茶树（左图：李友勇，2019；右图：曾铁桥，2014）

4.曼新龙古茶山

曼新龙也是一个布朗族村寨（现已分为老寨和新寨，古茶山位于老寨），位于海拔1600多米的高山上，为大森林所环抱。

曼新龙古茶山位于寨子背后及附近的山坡上、森林中，茶树是布朗族的祖先逃到曼新龙后所种植的，现存古茶园14hm^2，古茶树均属于苦茶变种（*C.assamica.* var. *kucha*），平均密度1725株/hm^2，树龄200多年。代表性植株为曼新龙古茶树1号，属于苦茶变种（*C.assamica.* var. *kucha*），大叶类，位于曼新龙村口，海拔1601m。树型乔木型，树姿直立，树高6.45m，树幅5.4m×4.8m，基部围粗1.2m，最大干围（距地面0.60m）1.15m，树龄达500多年。

5.曼新竜上寨古茶山

曼新竜上寨古茶山位于布朗山乡新竜村曼新竜上寨村民小组，面积共约280亩，密度约107株/亩，共约30165株。其中，基部干径＜15cm共约12545株，占总株数的41.59%；基部干径15～20cm共约5973株，占总株数的19.80%；基部干径20～30cm共约7466株，占总株数的24.75%；基部干径30～40cm共约1792株，占总株数的5.94%；基部干径40～50cm共约1792株，占总株数的5.94%；基部干径≥50cm共约597株，占总株数的1.98%。古茶山干毛茶年总产量约为6471kg。

曼新竜上寨古茶山（左图：李友勇，2019；右图：曾铁桥，2014）

6.吉良古茶山

吉良古茶山位于布朗山乡结良村吉良村民小组，面积共约605亩，密度约91株/亩，共约55498株。其中，基部干径＜15cm共约32266株，占总株数的58.14%；基部干径15～20cm共约13553株，占总株数的24.42%；基部干径20～30cm共约7747株，占总株数的13.96%；基部干径30～40cm共约644株，占总株数的1.16%；基部干径40～50cm共约644株，占总株数的1.16%；基部干径≥50cm共约644株，占总株数的1.16%。古茶山干毛茶年总产量约为29277kg。

吉良古茶山（李友勇，2019）

7.曼囡古茶山

曼囡古茶山位于布朗山乡曼囡村曼囡老寨村民小组，面积共约336亩，密度约220株/亩，共约73920株。其中，基部干径＜15cm共约50776株，占总株数的67.68%；基部干径15～20cm共约8213株，占总株数的11.11%；基部干径20～30cm共约8213株，占总株数的11.11%；基部干径30～40cm共约5226株，占总株数的7.07%；基部干径40～50cm共约1493株，占总株数的2.02%；基部干径≥50cm共约746株，占总株数的1.01%。古茶山干毛茶年总产量约为16931kg。

曼囡老寨古茶山（李友勇，2019）

8.阿梭古茶山

阿梭古茶山位于布朗山乡曼果村啊梭村民小组，面积共约177亩，密度约177株/亩，共约26550株。其中，基部干径＜15cm共约22716株，占总株数的85.56%；基部干径15～20cm共约2655株，占总株数的10.00%；基部干径≥20cm共约1179株，占总株数的4.44%。古茶山干毛茶年总产量约为4542kg。

阿梭古茶山（李友勇，2019）

四、打洛镇古茶山

打洛镇位于勐海县西南部，东接布朗山乡，南和西与缅甸接壤，西北与西定乡毗邻，北连勐遮镇，东北接勐混镇，距县城68km，边境线长36.5km，总面积400.16km^2。镇政府驻地距缅甸掸邦东部第四特区勐拉县城、景栋、泰国米赛、清迈和曼谷分别有3km、80km、246km、500km和1250km，是中国通向东南亚国家距离最近的内陆口岸和最便捷的通道。下辖打洛、曼夕、曼山、曼轰和勐板等5个村56个村民小组，辖区内总人口有22606人，5354户，其中有傣族村民小组17个、哈尼族村民小组23个、布朗族村民小组16个；35个村民小组地处山区、18个村民小组地处坝区、3个村民小组地处半山区。

1.打洛镇古茶山

打洛镇古茶山主要分布于曼夕村曼夕上寨村民小组，为边境山区村寨，位于打洛镇政府驻地西北方向12km，海拔1600m，年均气温21℃，年均降雨量1230mm，土壤为砖红壤，植被为季节性雨林、伴常绿季雨林、山林、暖热性针叶林、竹林和禾本科草类灌丛等，古茶山中间作有香樟树、移Ⅱ树、桤木、漆树和其他树种，遮阴树为6～8株/

亩，树高均在6m以上，树幅5m以上。古茶山面积共约1310亩，密度约66株/亩，共约86634株。其中，基部干径＜15cm共约40527株，占总株数的46.78%；基部干径15～20cm共约23755株，占总株数的27.42%；基部干径20～30cm共约20957株，占总株数的24.19%；基部干径≥30cm共约1395株，占总株数的1.61%。古茶山干毛茶年总产量约为29319kg。

打洛古茶山（左图：李友勇，2019；右图：曾铁桥，2014）

2.曼夕古茶山

曼夕古茶山位于打洛镇曼夕村曼夕上寨村民小组，面积共约594亩，密度约66株/亩，共约39283株。其中，基部干径＜15cm共约18377

曼夕古茶山（左图：曾铁桥，2104；右图：李友勇，2019）

株，占总株数的46.78%；基部干径15～20cm共约10771株，占总株数的27.42%；基部干径20～30cm共约9503株，占总株数的24.19%；基部干径≥30cm共约632株，占总株数的1.61%。古茶山干毛茶年总产量约为13294kg。

五、西定乡古茶山

西定乡位于勐海县西部，东接勐遮镇，南邻打洛镇，北与勐满镇毗邻，西与缅甸隔江相望，边境线长54.5km，距离县城46km，总面积615.49km^2。下辖西定、暖和、南弄、帕龙、旧过、曼马、曼来、章朗、曼佤、曼皮和曼迈等11个村共89个村民小组。境内有哈尼族、布朗族、拉祜族、佤族和傣族等少数民族。

西定古茶山（李友勇，2019）

西定乡古茶山主要分布于曼迈村（曼迈）、章朗村（章朗老寨、章朗新寨、章朗中寨）和西定村（布朗西定）等3村，面积共约2910亩，密度约146株/亩，共约425248株。其中，基部干径＜15cm共约353849株，占总株数的83.21%；基部干径15～20cm共约52773株，占总株数的12.41%；基部干径≥20cm共约18626株，占总株数的4.38%。古茶山干毛茶年总产量共约84386kg。生境为季节性雨林、伴常绿季雨林、山林、暖热性针叶林、竹林、禾本科草类灌丛植被类种，古茶山中间作有漆树、香樟树、移梳树、榕树和其他树种等，遮阴树为8～12株/亩，树高均在12m以上，树幅7m以上。

章朗古茶山

章朗古茶山位于章朗布朗族村，距勐海县城44km。“章朗”意为“大象冻僵的寨子”，传说1400多年前，佛祖释迦牟尼的弟子玛哈烘乘大象周游世界传经，当他走到这里时，天空顿时乌云密布，刹那间拳头大小的冰雹狂砸下来，这样的情形一直从下午持续到深夜。第二天，当人们醒来去喂大象的时候，才发现大象已经冻僵。玛哈烘强忍悲伤，把这个地方命名为“章朗”，以此纪念大象传教的功劳。章朗还有一口千年古井，传说那头大象在被冻僵的头一天，还去村旁掘出了一口井，解决了当地人饮水的问题。古井现在还在使用，古井水泡茶会特别的甘甜与醇香。

章朗古茶山（李友勇，2019）

章朗分为章朗老寨、新寨、中寨3个寨子，共有255户1070人，全部为布朗族。章朗古茶山面积共约664亩，密度约146株/亩，共约97032株。其中，基部干径＜15cm共约80740株，占总株数的83.21%；基部干径15～20cm共约12042株，占总株数的12.41%；基部干径≥20cm共约4250株，占总株数的4.38%。古茶山干毛茶年总产量共约19255kg。生境为季节性雨林、伴常绿季雨林、山林、暖热性针叶林、竹林、禾本科草类灌丛植被类种，古茶山中间作有漆树、香樟树、移椛树、榕树和其他树种等，遮阴树为8～12株/亩，树高均在12m以上，树幅7m以上。

六、勐遮镇古茶山

勐遮镇地处勐海县中部偏西，东邻勐海镇，东南连勐混镇，南与打洛镇交界，西南和西与西定乡接壤，北依勐满镇，是云南省较大的坝子之一，距县城22km，总面积462km^2。下辖景真、曼恩、曼根、曼洪、曼冷、曼伦、曼勐养、曼弄、曼扫、曼燕、曼央龙、勐遮和南楞等13个村167个村民小组。有哈尼族、布朗族、拉祜族、佤族和傣族等少数民族。

1.勐遮镇古茶山

勐遮镇古茶山主要分布于南楞村（南列）和曼令村（曼令小寨、曼令大寨、曼回和坝播），面积共约2435亩，密度约269株/亩，共约657125株。其中，基部干径＜15cm共约472736株，占总株数的71.94%；基部干径15～20cm共约36339株，占总株数的5.53%；基部干径20～30cm共约44159株，占总株数的6.72%；基部干径30～40cm共约64924株，占总株数的9.88%；基部干径40～50cm共约20765株，占总株数的3.16%；基部干径≥50cm共约18202株，占总株数的2.77%。古茶山干毛茶年总产量共约133607kg。生境为季节性雨林、伴常绿季雨林、山林、暖热性针叶林、竹林、禾本科草类灌丛植被类种，古茶山中间作有澳洲坚果、香樟树、移椛树、樱桃树、香椿树和其他树种等，遮阴树为8～10株/亩，树高均在8m以上，树幅7m以上。

2.南列古茶山

南列古茶山主要分布于南楞村的南列村民小组，面积共约2010亩，密度约269株/亩，共约542432株。其中，基部干径＜15cm共约390226株，占总株数的71.94%；基部干径15～20cm共约29997株，占总株数的5.53%；基部干径

南列古茶山（李友勇，2019）

20～30cm共约36451株，占总株数的6.72%；基部干径30～40cm共约53592株，占总株数的9.88%；基部干径40～50cm共约17141株，占总株数的3.16%；基部干径≥50cm共约15025株，占总株数的2.77%。古茶山干毛茶年总产量共约110288kg。生境为季节性雨林、伴常绿季雨林、山林、暖热性针叶林、竹林、禾本科草类灌丛植被类种，古茶山中间作有澳洲坚果、香樟树、移〓树、樱桃树、香椿树和其他树种等，遮阴树为8～10株/亩，树高均在8m以上，树幅7m以上。

七、勐满镇古茶山

勐满镇位于勐海县西北部，东接勐阿镇，东南连勐海镇，南邻勐遮镇，西南接西定乡，曼蚌渡口段与缅甸仅一河之隔，西、西北与澜沧县糯福乡、惠民镇毗邻，距离县城57km，总面积488.39km^2，东西最大纵距为37km，南北最大

横距为25km，最高点在帕滇梁子，海拔2192m，最低点在勐满坝子，海拔838m。属南亚热带雨林气候，非常适宜热带经济作物和热带动植物生长，年均气温19.9℃，年均降雨量1357mm。下辖城子、纳包、班倒、星火山、帕迫、南达和关双等7个村80个村民小组，驻有黎明农场星火生产队。有傣族、布朗族、哈尼族和拉祜族等少数民族。

1.勐满镇古茶山

勐满镇古茶山主要分布于关双村（关双）、南达村（南达）、帕迫村（中纳包）和城子村（把老戴）等4村，面积共约1290亩，密度约118株/亩，共约152776株。其中，基部干径＜15cm共约113314株，占总株数的74.17%；基部干径15～20cm共约19234株，占总株数的12.59%；基部干径20～30cm共约14162株，占总株数的9.27%；基部干径30～40cm共约4049株，占总株数的2.65%；基部干径≥40cm共约2017株，占总株数的1.32%。古茶山干毛茶年总产量共约38943kg。生境为季节性雨林、伴常绿季雨林、山林、暖热性针叶林、竹林、禾本科草类灌丛植被类种，古茶山中间作有漆树、香樟树、移依树、榕树和其他树种等，遮阴树为6～8株/亩，树高均在8m以上，树幅5m以上。

2.关双古茶山

关双古茶山主要分布于关双村关双村民小组，面积共约810亩，密度约133株/亩，共约108000株。其中，基部干径＜15cm共约92448株，占总株数的85.60%；基部干径15～20cm共约10368株，占总株数的9.60%；基部干径20～30cm共约2592株，占总株数的2.40%；基部干径30～40cm共约1728株，占总株数的1.60%；基部干径≥40cm共约864株，占总株数的0.80%。古茶山干毛茶年总产量共约23802kg。

关双古茶山（李友勇，2019）

八、勐阿镇古茶山

勐阿镇位于勐海县北部，地处100°11′35″～100°34′40″E，22°04′49″～22°18′57″N，距勐海县城30km，东北连勐往乡，东南连勐宋乡，南邻勐海镇，西接勐满镇，北与澜沧县交界，总面积538.77km²，其中山区330.77km²，坝区208km²。下辖曼迈、嘎赛、南朗河、勐康、纳京、纳丙和贺建等7个村71个村民小组。境内驻有西双版纳英茂糖业有限公司勐阿糖厂和黎明农场勐阿生产队。勐阿镇是勐海县唯一以拉祜族为主的乡（镇），另有傣族、哈尼族和彝族等少数民族。

1.勐阿镇古茶山

勐阿镇古茶山主要分布于贺建村［贺建一组、小河边、贺建七组（景播老寨）和贺建八组］，面积共约1003亩，密度约169株/亩，共约170108 株。其中，基部干径＜15cm共约64199株，占总株数的37.74%；基部干径15～20cm共约36369株，占总株数的21.38%；基部干径20～30cm共约54554株，占总株数的32.07%；基部干径30～40cm共约11771株，占总株数的6.92%；基部干径40～50cm共约2143株，占总株数的1.26%；基部干径≥50cm共约1072株，占总株数的0.63%。古茶山干毛茶年总产量共约50982kg。生境为季节性雨林、伴常绿季雨林、山林、暖热性针叶林、竹林、禾本科草类灌丛植被类种，古茶山中间作有香樟树、移㭎树、红毛树和其他树种等，遮阴树为7～8株/亩，树高均在8m以上，树幅5m以上。

勐阿古茶山（李友勇，2019）

2.景播老寨古茶山

景播老寨古茶山主要分布于贺建村景播老寨（贺建七组）村民小组，面积共约403亩，密度约169株/亩，共约68348株。其中，基部干径＜15cm共约25794株，占总株数的37.74%；基部干径15～20cm共约14613株，占总株数的21.38%；基部干径20～30cm共约21919株，占总株数的32.07%；基部干径30～40cm共约4730株，占总株数的6.92%；基部干径40～50cm共约861株，占总株数的1.26%；基部干径≥50cm共约431株，占总株数的0.63%。古茶山干毛茶年总产量共约20484kg。

景播古茶山（李友勇，2019）

九、勐往乡古茶山

勐往乡位于勐海县东北部，距县城78km，东邻景洪市，南毗勐阿镇，西北与澜沧县接壤，东北角插入思茅区，总面积488km^2，最高海拔2345m（大黑山）、最低点海拔551m（东南的南果河与澜沧江交汇处），年均气温20.5℃，年均降雨量1300～1400mm。下辖勐往、曼允、曼嘎、灰塘、坝散、曼冻和南果河等7个村51个村民小组，有傣族、拉祜族、哈尼族、布朗族和彝族等少数民族。

1.勐往乡古茶山

勐往乡古茶山主要分布于勐往村（曼糯、蚌娥）和南果河村（南果河三组），面积共约2150亩，密度约81株/亩，共约174293株。其中，基部干径＜15cm共约105499

株，占总株数的60.53%；基部干径15～20cm共约27521株，占总株数的15.79%；基部干径20～30cm共约29804株，占总株数的17.10%；基部干径30～40cm共约9168株，占总株数的5.26%；基部干径≥40cm共约2301株，占总株数的1.32%。古茶山干毛茶年总产量共约58587kg。生境为季节性雨林、伴常绿季雨林、山林、暖热性针叶林、竹林、禾本科草类灌丛植被类种，古茶山中间作有香樟树、移𣗋树、红毛树和其他树种等，遮阴树为7～8株/亩，树高均在8m以上，树幅5m以上。

2.曼糯古茶山

曼糯古茶山主要分布于勐往村曼糯大寨村民小组，面积共约2000亩，因按藤条茶人工管理模式采摘，故形成了勐海县唯一的藤条状古茶树，密度约81株/亩，共约162133株。其中，基部干径＜15cm共约98139株，占总株数的60.53%；基部干径15～20cm共约25601株，占总株数的15.79%；基部干径20～30cm共约27725株，占总株数的17.10%；基部干径30～40cm共约8528株，占总株数的5.26%；基部干径≥40cm共约2140株，占总株数的1.32%。古茶山干毛茶年总产量共约54500kg。生境为季节性雨林、伴常绿季雨林、山林、暖热性针叶林、竹林、禾本科草类灌丛植被类种，古茶山中间作有香樟树、移𣗋树、红毛树和其他树种等，遮阴树为7～8株/亩，树高均在8m以上，树幅5m以上。

曼糯古茶山（李友勇，2019）

十、勐宋乡古茶山

勐宋乡位于勐海县东部偏北，地处100°24′48″～100°40′25″E，21°56′54″～22°16′59″N，距县城21km，东与景洪市毗邻，南接格朗和乡，北与勐阿镇相连，西南接勐海镇，东西相距42km，南北相距48km，总面积493km^2。下辖曼迈、糯有、曼吕、蚌冈、大安、蚌龙、曼方、三迈和曼金等9个村115个村民小组5370户共23551人，境内有傣族、哈尼族、拉祜族和布朗族等少数民族。

勐宋乡古茶山主要分布于大安（上大安一组、上大安二组、下大安一组、下大安二组、下大安三组、曼西良小组、曼西龙拉、曼西龙傣）、曼吕（那卡汉族大寨、曼吕傣、小田坝、贺南上寨、贺南下寨、贺南老寨、小新寨、闷龙章）、蚌冈（哈尼一组、蚌冈拉、蚌冈新寨）、三迈（南本老寨、南本新寨、上寨、中寨、朝山寨、石头寨、小新寨）、蚌龙（蚌龙老寨、蚌龙中寨、蚌龙新寨、坝檬、坝檬新寨、保塘旧寨、保塘中寨、保塘汉族、蚌囡老寨、南碰河梁子老寨、南碰河新寨、南碰河汉族）、曼金（曼囡老寨）和糯有（小糯有上寨）等7个村，面积共约14299亩，密度约141株/亩，共约2022322株。其中，基部干径<15cm共约1099941株，占总株数的54.39%；基部干径15～20cm共

坝檬古茶山（李友勇，2019）

约329436株，占总株数的16.29%；基部干径20～30cm共约431159株，占总株数的21.32%；基部干径30～40cm共约119721株，占总株数的5.92%；基部干径40～50cm共约31953株，占总株数的1.58%；基部干径≥50cm共约10112株，占总株数的0.50%。古茶山干毛茶年总产量共约708773kg。

1. 那卡古茶山

那卡古茶山位于曼吕村那卡村民小组，面积共约1100亩，密度约181株/亩，共约199466株。其中，基部干径＜15cm共约159573株，占总株数的80.00%；基部干径15～20cm共约22292株，占总株数的11.18%；基部干径≥20cm共约17601株，占总株数的8.82%。古茶山干毛茶年总产量约为35233kg。

那卡古茶山（李友勇，2019）

2. 保塘古茶山

保塘古茶山分布于蚌龙村保塘旧寨、保塘中寨和保塘汉族等3个村民小组，面积共约1150亩，密度约101株/亩，共约116533株。其中，基部干径＜15cm共约53978株，占总株数的46.32%；基部干径15～20cm共约14718株，占总株数的12.63%；基部干径20～30cm共约28213株，占总株数的24.21%；基部干径30～40cm共约12271株，占总株数的

10.53%；基部干径40～50cm共约6130株，占总株数的5.26%；基部干径≥50cm共约1223株，占总株数的1.05%。古茶山干毛茶年总产量约为51015kg。

保塘古茶山（李友勇，2019）

3. 南本古茶山

南本古茶山位于三迈村南本老寨村民小组和南本拉村民小组，面积共约1800亩，密度约122株/亩，共约220800株。其中，基部干径＜15cm共约115191株，占总株数的52.17%；基部干径15～20cm共约53765株，占总株数的24.35%；基部干径20～30cm共约48002株，占总株数的21.74%；基部干径≥30cm共约3842株，占总株数的1.74%。古茶山干毛茶年总产量约为115061kg。

南本古茶山（李友勇，2019）

4. 曼西良古茶山

曼西良古茶山位于大安村曼西良村民小组，面积共约1670亩，密度约155株/亩，共约260074株。其中，基部干径＜15cm共约115785株，占总株数的44.52%；基部干径15～20cm共约58777株，占总株数的22.60%；基部干径20～30cm共约53445株，占总株数的20.55%；基部干径30～40cm共约23146株，占总株数的8.90%；基部干径40～50cm共约7126株，占总株数的2.74%；基部干径≥50cm共约1795株，占总株数的0.69%。古茶山干毛茶年总产量约为131658kg。

曼西良古茶山（李友勇，2019）

5. 蚌冈古茶山

蚌冈古茶山分布于蚌冈村蚌冈哈尼1组、蚌冈拉和蚌冈新寨等3个村民小组，面积共约1100亩，密度约142株/亩，共约156640株。其中，基部干径＜15cm共约71569株，占总株数的45.69%；基部干径15～20cm共约19940株，占总株数的12.73%；基部干径20～30cm共约42246株，占总株数的26.97%；基部干径30～40cm共约15257株，占总株数的9.74%；基部干径40～50cm共约5874株，占总株数的3.75%；基部干径≥50cm共约1754株，占总株数的1.12%。古茶山干毛茶年总产量约为41058kg。

蚌冈古茶山（李友勇，2019）

十一、格朗和乡古茶山

格朗和乡位于勐海县东部，东部和东南面与景洪市接壤，西南面和西部与勐混镇相连，西北部与勐海镇交界，北与勐宋乡相连，距离县城28km，总面积320.74km^2，平均海拔1596m，年均气温17～18℃，年均降雨量1350～1500mm。下辖苏湖、帕宫、南糯山、帕真和帕沙等5个村74个村民小组，有哈尼族、傣族和拉祜族等少数民族。

格朗和乡古茶山主要分布于南糯山（向阳寨、半坡寨、多依寨、姑娘寨、水河寨、石头新寨、石头一队、石头二队、丫口新寨、丫口老寨、永存村、尔滇、竹林、赶达村、通达村、茶园新村、新乐、南达、出戈一队、出戈二队、连山村、富新村、新路村、朝阳村、茶王村、南达村、茶圆新村）、帕沙（老寨一组、老寨二组、中寨一组、中寨二组、新寨小组、南干小组、老端小组）、怕真（曼麻榜、怕真老寨、怕真新寨、水河鱼塘、雅脱村、九二村、水河老寨、水河新寨、曼科松）、苏湖（橄榄寨、金竹寨、鱼塘寨、半坡寨、大寨、小贺拉老寨、小贺拉新寨、南拉老寨、南拉新寨、石头寨、丫口老寨、丫口新寨）和帕宫（南莫上寨）等5个村，面积共约17692亩，密度126株/亩，共约2231785株。其中，基部干径＜15cm共约1609340株，占总株数的72.11%；基部干径15～20cm共约324501株，占总株数的14.54%；基部干径20～30cm共约251076株，占总株数的11.25%；基部干径30～40cm共约33477株，占总株数的1.50%；基部干径40～50cm共约10043株，占总株数的0.45%；基部干径≥50cm共约3348株，占总株数的0.15%。古茶山干毛茶年总产量共约890731kg。

橄榄寨古茶山（李友勇，2019）

1. 南糯山古茶山

南糯山古茶山位于勐海县境东部，距勐海县城及景洪城均为20多千米。南糯山现有20多个哈尼族寨子，4000多哈尼人，有浓郁的哈尼族特色建筑、服饰、节庆、歌舞、茶俗等民族文化。南糯山平均海拔1400m，山高谷深、植被茂密，具有适宜勐海大叶种茶树生长的最佳生态环境，且常处于云雾笼罩之中，“高山云雾出好茶”，因而茶叶品质极佳，自古至今都是优质普洱茶重要的原料产地，是具有1100～1700多年悠久历史的古老大茶山，也是澜沧江下游流域西岸最著名的古茶山。南糯山古茶山有28个村民小组，面积共约12000亩，密度约91株/亩，共约1100487株。其中，基部干径<15cm共约749212株，占总株数的68.08%；基部干径15～20cm共约132719株，占总株数的12.06%；基部干径20～30cm共约148236株，占总株数的13.47%；基部干径30～40cm共约39067株，占总株数的3.55%；基部干径40～50cm共约23440株，占总株数的2.13%；基部干径≥50cm共约7813株，占总株数的0.71%。古茶山干毛茶年总产量约为418516kg。

南糯山古茶山（李友勇，2019）

2. 帕沙古茶山

帕沙古茶山位于帕沙村帕沙中寨村民小组1组，面积共约776亩，密度约144株/亩，共约111744株。其中，基部干径<15cm共约57112株，占总株数的51.11%；基部干径15～20cm共约29802株，占总株数的26.67%；基部干径20～30cm共约23176株，占总株数的20.74%；基部干径≥30cm共约1654株，占总株数的1.48%。古茶山干毛茶年总产量约为50663kg。

帕沙古茶山（李友勇，2019）

3. 曼麻榜古茶山

曼麻榜古茶山位于帕真村曼麻榜村民小组，面积共约171亩，密度约103株/亩，共约17692株。其中，基部干径＜15cm共约13133株，占总株数的74.23%；基部干径15～20cm共约2917株，占总株数的16.49%；基部干径≥20cm共约1642株，占总株数的9.28%。古茶山干毛茶年总产量约为4575kg。

曼麻榜古茶山古茶山（李友勇，2019）

第三节

勐海味古茶树主要品质化学成分

勐海县野生种古茶树初春一芽二叶初展开蒸青样品主要品质化学成分水浸出物、茶多酚、氨基酸和咖啡碱的含量均较栽培种古茶树低，而对应的变异系数均较栽培种古茶树大。在酚氨比大小方面，野生种古茶树较栽培种大，其对应的较栽培种古茶树大。

勐海县古茶树茶叶主要品质化学成分表

生化成分	类种	样品数（份）	极小值（%）	极大值（%）	变幅（%）	均值（%）	标准差（%）	变异系数（%）
水浸出物	野生种	12	48.83	60.22	11.39	52.51	3.38	6.44
	栽培种	174	43.11	60.08	16.97	53.5	3.00	5.61
茶多酚	野生种	12	27.79	48.59	20.80	34.05	6.65	19.53
	栽培种	174	23.88	48.96	25.08	36.77	4.62	12.56
氨基酸	野生种	12	1.36	4.31	2.95	2.57	1.00	38.91
	栽培种	174	1.64	5.78	4.14	3.11	0.75	24.12
咖啡碱	野生种	12	1.25	3.88	2.63	2.54	0.90	35.43
	栽培种	174	1.52	5.54	4.02	3.72	0.61	16.40
酚氨比	野生种	12	7.47	27.56	20.09	15.28	6.34	41.49
	栽培种	174	5.21	22.79	17.58	12.53	3.47	27.69

一、水浸出物

12株野生种茶树的水浸出物含量均值为52.51%，174株栽培种茶树均值为53.5%。就水浸出物含量区间而言，野生种古茶树主要范围50.00%～55.00%，共9株，占野生种茶树样本数（12株）的75%，约占样本总数（186株）的4.84%；栽培种古茶树主要范围52.00%～56.00%，共93株，约占栽培种茶树样本数（174株）的53.45%，占样本总数（186株）的50.00%。186株古茶树水浸出物最具差异性的植株如下：

野生种古茶树水浸出物含量最低的是MH2014-111滑竹梁子野生大茶树（大理茶*Camellia taliensis*），为48.83%，位于勐海县勐宋乡蚌龙村委会滑竹梁子；最高的是勐海滑竹梁子2号野生大茶树（大理茶*Camellia taliensis*），为60.22%，位于勐海县勐宋乡蚌龙村滑竹梁子。栽培种古茶树最低的是MH2014-037半坡寨大茶树（普洱茶*Camellia sinensis* var. *assamica*），为43.11%，位于勐海县格朗和乡南糯山村半坡寨小组；最高的是MH2014-225曼夕老寨大树茶（普洱茶*Camellia sinensis* var. *assamica*），为60.08 %，位于勐海县打洛镇曼夕村曼夕老寨小组。

二、茶多酚

12株野生种茶树的茶多酚含量均值为34.05%，174株栽培种茶树均值为36.77%。就茶多酚含量区间而言，野生种古茶树主要范围28.00%～32.00%，共6株，占野生种茶树样本数（12株）的50.00%，约占样本总数（186株）的3.23%；栽培种古茶树主要范围34.00%～39.00%，共86株，约占栽培种茶树样本数（174株）的49.43%，约占样本总数（186株）的46.24%。186株古茶树茶最具差异性的植株如下：

野生种古茶树茶多酚含量最低的是MH2014-148雷达山野生大茶树（大理茶*Camellia taliensis*），为27.79%，位于勐海县格朗和乡帕真村雷达山；最高的是勐海滑竹梁子2号野生大茶树（大理茶*Camellia taliensis*），为48.59%，位于勐海县勐宋乡蚌龙村滑竹梁子。栽培种古茶树最低的是MH2014-343老班章大茶树（普洱茶*Camellia sinensis* var. *assamica*），为23.88%，位于勐海县布朗山乡班章村老班章小组；最高的是MH2014-212布朗西定大茶树（普洱茶*Camellia sinensis* var. *assamica*），为48.96%，位于勐海县西定乡西定村布朗西定小组。

三、氨基酸

12株野生种茶树的游离氨基酸含量均值为2.57%，174株栽培种茶树均值为3.11%。就氨基酸含量区间而言，野生种古茶树主要范围1.30%～3.00%，共8株，约占野生种茶树样本数（12株）的66.67%，约占样本总数（186株）的4.30%；栽培种古茶树主要范围2.00%～4.00%，共145株，约占栽培种茶树样本数（174株）的83.33%，约占样本总数（186株）的77.96%。186株古茶树茶最具差异性的植株如下：

野生种古茶树游离氨基酸含量最低的是滑竹梁子野生红芽茶（大理茶*Camellia taliensis*）为1.36%，位于勐海县勐宋乡蚌龙村滑竹梁子；最高的是MH2014-101滑竹梁子野生大茶树（大理茶*Camellia taliensis*），为4.31%，位于勐海镇勐宋乡蚌龙村滑竹梁子。栽培种古茶树最低的是H2014-078帕沙新寨大茶树（普洱茶*Camellia sinensis* var. *assamica*），为1.64%，位于勐海县格朗和乡帕沙村帕沙新寨；最高的是MH2014-020城子大茶树（普洱茶*Camellia sinensis* var. *assamica*），为5.78%，位于勐海县勐阿镇嘎赛村城子小组。

四、咖啡碱

12株野生种茶树的咖啡碱均值为2.54%，174株栽培种茶树均值为3.72%。就咖啡碱区间而言，野生种古茶树主要范围2.00%～4.00%，共7株，约占野生种茶树样本数（12株）的58.33%，约占样本总数（186株）的3.76%；栽培种古茶树主要范围3.00%～4.50%，共140株，约占栽培种茶树样本数（174株）的80.46%，约占样本总数（186株）的75.27%。186株古茶树茶最具差异性的植株如下：

野生种古茶树咖啡碱含量最低的是MH2014-102滑竹梁子野生大茶树（大理茶*Camellia taliensis*），为1.25%，位于勐海县勐宋乡蚌龙村滑竹梁子；最高的是巴达MH306野生大茶树（大理茶*Camellia taliensis*），为3.88%，位于勐海县西定乡曼瓦村大黑山。栽培种古茶树最低的是广别老寨大茶树（普洱茶*Camellia sinensis* var. *assamica*），为1.52%，位于勐海县勐混镇曼蚌村广别老寨小组；最高的是MH2014-306老曼峨苦茶（苦茶*Camellia assamica* var. *kucha*），为5.54%，位于勐海县布朗山乡班章村老曼峨小组。

五、酚氨比

12株野生种茶树的酚氨比均值为15.28%，174株栽培种茶树均值为12.53%。就酚氨比区间而言，野生种古茶树主要范围10.00%～21.00%，共7株，约占野生种茶树样本数（12株）的58.33%，约占样本总数（186株）的3.76%；栽培种古茶树主要范围8.00%～15.00%，共124株，约占栽培种茶树样本数（174株）的71.26%，约占样本总数（186株）的66.67%。186株古茶树茶最具差异性的植株如下：

野生种古茶树酚氨比最小的是MH2014-111滑竹梁子野生大茶树（大理茶*Camellia taliensis*），为7.47%，位于勐海镇勐宋乡蚌龙村滑竹梁子；最大的是滑竹梁子野生红芽茶（大理茶*Camellia taliensis*），为27.56%，位于勐海县勐宋乡蚌龙村滑竹梁子。栽培种古茶树最小的是MH2014-162曼弄老寨大茶树（普洱茶*Camellia sinensis* var. *assamica*），为5.21%，位于勐海县勐混镇贺开村曼弄老寨小组；最大的是MH2014-308老曼峨苦茶（苦茶*Camellia assamica* var. *kucha*），为22.79%，位于勐海县布朗山乡班章村老曼峨小组。

第五章 勐海味之品种香

勐海县是公认的世界茶树原产地中心地带和驰名中外的“普洱茶”原产地之一，植茶的自然环境和气候条件得天独厚，各族人民种茶、制茶、饮茶、贸茶的历史悠久。境内迄今生长着800年以上的南糯山栽培种茶王树和1700年的巴达野生种茶树王，古茶山面积分布广、茶树生长茂盛，是茶叶发展历史的活见证。勐海所产茶叶具有“滋味醇厚回甘，香气馥郁飘荡”的独特滋味和香气，茶人称之为“勐海味”。

第一节

古茶树品种香

勐海茶叶的香气比较复杂，有说是“荷香”“兰香”的，也有说是“枣香”“青香”的，还有说是“樟香”的，如此多的香味扑朔迷离，让人难以捉摸。独特的“勐海味”是与勐海优越的自然环境密不可分的。由于茶叶品种和自然环境的统一不可分性，即使有些茶区引进勐海茶种，但因带不走勐海的自然环境条件，茶质不如勐海所产，故而有国内茶学界专家得出结论“中国红茶小叶种不如大叶种，大叶种的引进区不如原产地”之说。因此，勐海优越的自然环境造就了独具特色、享誉中外的“勐海茶”“勐海味”。

一、贺开大茶树（勐海大叶种）

贺开大茶树（普洱茶种） 生长在勐海县勐混镇贺开村委会曼竜新、老寨交界处，海拔1600m的茶园中。植株乔木型，树姿开张，树高3.8m，树幅7.3m×6.55m，基部干径2.12m，自基部0.55m处有5叉分枝，最大干围1.72m，树龄约700 ～ 800年。发芽密，芽叶色泽黄

绿、茸毛多，平均一芽三叶，长5.6cm。春茶开采期是3月中旬。叶长12.1～15.0cm，宽4.7～5.5cm，侧脉12～15对，叶形椭圆，大叶类，叶色深绿。叶面隆起，叶质软，叶基楔形，叶姿上斜，叶尖尾尖，叶缘微波。

二、曼蚌大茶树（勐海大叶种）

曼蚌大茶树位于勐海县勐混镇曼蚌村广别老寨村民小组，海拔1566m；生育地土壤为砖红壤。栽培型。小乔木，树姿开张，树高6.15m，树幅4.90m×4.70m，基部干径0.24m，最低分枝高1.60m，分枝密。嫩枝有毛。芽叶绿色、中毛。特大叶，叶长13.5～18.0cm，叶宽5.4～6.8cm，叶面积52.2～83.2cm^2，叶长椭圆形，叶色黄绿，叶身内折，叶面微隆起，叶尖渐尖，叶脉10～13对，叶齿锯齿形，叶缘平，叶背少毛，叶基楔形，叶质中。萼片无毛、绿色、5枚。花冠直径2.9～3.6cm，花瓣6枚、白色、质地中，花瓣长宽均值1.4～1.9cm，子房有毛，花柱先端3裂、裂位中，花柱长0.9～1.3cm，雌蕊低于雄蕊。果球形，果径2.2～2.7cm，鲜果皮厚1.0～2.5mm，种半球形，种径1.4～1.6cm，种皮褐色。

三、曼夕大茶树（勐海大叶种）

曼夕大茶树（普洱茶种） 生长在海县打洛镇曼夕村委会的老曼夕，海拔1600m的玉章坎家茶园中。20世纪90年代初考察时，树体尚完好，但现在已断两枝，仅剩一枝且长满寄生物，树势十分衰弱。植株乔木型，树姿直立，树高8.4m，基部围粗2.06m，自基部0.49m处分叉。发芽密度中，芽叶色泽黄绿、茸毛多。春茶开采期在3月中旬。叶长16.8～21.2cm，宽6.1～6.5cm，侧脉13～18对，叶形椭圆，特大叶，叶色绿，叶面微隆，叶质软，叶基楔形。

四、曼糯大茶树（勐海大叶种）

曼糯大茶树位于勐海县勐往乡勐往村曼糯大寨村民小组，海拔1199m；生育地土壤为砖红壤。栽培型。小乔木，树姿半开张，树高6.81m，树幅6.30m×6.50m，基部干径0.41m，最低分枝高0.17m，分枝稀。嫩枝有毛。芽叶黄绿色、中毛。特大叶，叶长14.0～18.9cm，叶宽5.1～7.2cm，叶面积50.0～95.3cm^2，叶长椭圆形，叶色深绿，叶身内折，叶面平，叶尖渐尖，叶脉8～12对，叶齿锯齿形，叶缘微波，叶背少毛，叶基近圆种，叶质中。萼片无毛、绿色、5枚。花冠直径3.1～3.8cm，花瓣5～7枚、白色、质地中，花瓣长宽均值1.3～1.8cm，子房有毛，花柱先端3裂、裂位浅，花柱长0.8～1.0cm，雌蕊低于雄蕊。果三角形，果径2.2～2.7cm，鲜果皮厚1.0～2.5mm，种球形，种径1.1～1.5cm，种皮褐色。水浸出物54.13%、茶多酚34.15%、氨基酸2.36%、咖啡碱3.91%、酚氨比14.45。

五、老班章大茶树（勐海大叶种）

老班章古树茶（普洱茶种） 位于勐海县布朗山乡章村委会老班章村。栽培型。小乔木型，树姿开张，树高8m，树幅4.8m×5.5m，基部干径58.9cm，最低分枝高0.3m，分枝稀。嫩枝有毛。芽叶黄绿色、多毛。特大叶，叶长13.0～18.3cm，叶宽5.5～7.2cm，叶面积50.1～92.2cm^2，叶长椭圆形，叶色绿，叶身内折，叶面微隆起，叶尖渐尖，叶脉13～18对，叶齿锯齿形，叶缘微波，叶背无毛，叶基楔形，叶质中。曹片无毛、绿色、4枚。花冠直径1.6cm，花瓣4枚、白色、质地中，花瓣长宽均值1.7cm，子房有毛，花柱先端3裂、裂位中，雌蕊高于雄蕊。水浸出物55.70%、茶多酚39.53%、氨基酸2.80%、咖啡碱3.71%、儿茶素总量9.13%。品质特色：条索肥硕，多茸毛，色泽墨绿油润，干茶有蜜甜香；汤色金黄稠厚透亮，香气兰花香浓郁高长透蜜香，滋味浓强润爽，汤厚甘甜，口感丰富饱满而协调，喉韵悠长，气韵强劲，刺激性强、收敛性强、冲击力强，茶气足，苦化得快，回甘生津强而持久。

六、老曼峨大茶树（苦茶变种）

老曼峨大茶树位于勐海县布朗山乡班章村委会老曼峨村。栽培型。小乔木型，树姿半开张，树高7.3m，树幅7.7m×7.5m，基部干径47.8cm，最低分枝高1.1m，分枝中。微枝有毛。芽叶绿色、多毛。特大叶，叶长13.6～17.2cm，叶宽5.3～6.7cm，叶面积50.5～80.7cm^2，叶长椭圆形，叶色绿，叶身内折，叶面微隆起，叶尖渐尖，叶脉11～13对，叶齿锯齿形，叶缘微波，叶背多毛，叶基楔形，叶质中。萼片无毛、绿色、5枚。花冠直径3.3～4.1cm、花瓣6～7枚、白色、质地厚，花瓣长宽均值2.4～3.0cm，子房有毛，花柱先端3裂、裂位中，花柱长1.5～1.8cm，雌蕊高于雄蕊。水浸出物51.14%、茶多酚36.93%、氨基酸2.69%、咖啡碱2.51%。品质特色：条索肥壮厚实显毫，色泽墨绿润泽，汤色金黄透亮，香气兰花香透山野果香，滋味醇厚浓烈，茶气足，苦味重，化得慢，但回甘生津强而持久。

七、南糯半坡老寨大茶树（勐海大叶种）

南糯半坡老寨大茶树位于勐海县格朗和乡南糯山村委会半坡老寨。栽培型。小乔木型，树姿开张，树高11.18m，树幅7.85m×9.70m，基部干径69.1cm，最低分枝高0.41m，分枝密。嫩枝有毛。芽叶黄绿色、多毛。大叶，叶长11.5～18.2cm，叶宽4.4～6.6cm，叶面积36.3～84.1cm^2，叶长椭圆形，叶色绿，叶身内折，叶面隆起，叶尖渐尖，叶脉8～13对，叶齿锯齿形，叶缘微波，叶背多毛，叶基楔形，叶质柔软。萼片无毛、绿色、5枚。花冠直径3.1～3.9cm，花瓣6～7枚、白色、质地薄，花瓣长宽均值1.3～1.9cm，子房有毛，花柱先端3裂、裂位浅，花柱长0.9～1.2cm，雌蕊低于雄蕊。果三角形，果径1.8～2.3cm，鲜果皮厚1.0～3.0mm，种球形，种径1.4～1.7cm，种皮棕褐色。

八、帕沙新寨大茶树（勐海大叶种）

帕沙新寨大茶树位于勐海县格朗和乡帕沙村委会帕沙新寨。栽培型。小乔木型，树姿半开张，树高9.95m，树幅6.2m×5.7m，基部干径47.0cm，最低分枝高1.45m，分枝密。嫩枝有毛。芽叶黄绿色、多毛。大叶，叶长11.5～13.8cm，叶宽4.5～6.3cm，叶面积36.2～54.6cm^2，叶椭圆形，叶色绿，叶身平，叶面微隆起，叶尖渐尖，叶脉8～11对，叶齿锯齿形，叶缘微波，叶背少毛，叶基楔形，叶质柔软。萼片无毛、绿色、4～5枚。花冠直径3.9～4.6cm，花瓣5～6枚、白色、质地薄，花瓣长宽均值1.5～1.9cm，子房有毛，花柱先端3裂、裂位浅，花柱长1.1～1.3cm，雌蕊等高于雄蕊。果球形，果径2.8～3.4cm，鲜果皮厚1.8～3.0mm，种半球形，种径1.5～1.9cm，种皮棕色。

九、蚌龙坝檬大茶树（勐海大叶种）

蚌龙坝檬大茶树位于勐海县勐宋乡蚌龙村委会坝檬村。栽培型。小乔木型，树姿直立，树高7.7m，树幅5.4m×4.5m，基部干径47.8cm，最低分枝高0.4m，分枝中。嫩枝有毛。芽叶绿色、多毛。大叶，叶长9.8～16.5cm，叶宽4.1～6.4cm，叶面积36.2～52cm^2，叶长椭圆形，叶色绿，叶身背卷，叶面隆起，叶尖渐尖，叶脉7～11对，叶齿锯齿形，叶缘微波，叶背多毛，叶基楔形，叶质硬。萼片无毛、绿色、5枚。花冠直径3.2～3.7cm，花瓣6～7枚、白色、质地厚，花瓣长宽均值1.9～2.9cm，子房有毛，花柱先端3裂、裂位中，花柱长1.0～1.2cm，雌蕊等高于雄蕊。果三角形，果径2.6～3cm，鲜果皮厚2～3mm，种球形，种径1.5～1.8cm，种皮棕褐色。

十、曼吕那卡大茶树（勐海大叶种）

曼吕那卡大茶树位于勐海县勐宋乡曼吕村委会那卡村。栽培型。小乔木型，树姿半开张，树高3.3m，树幅4.2m×4.1m，基部干径40cm，最低分枝高1.37m，分枝稀。嫩枝有毛。芽叶黄绿色、多毛。大叶，叶长11.5～14.6cm，叶宽4.1～6.1cm，叶面积35.6～58.1cm^2，叶长椭圆形，叶色绿，叶身背卷，叶面平，叶尖渐尖，叶脉8～11对，叶齿锯齿形，叶缘微波，叶背多毛，叶基楔形，叶质中。萼片无毛、绿色、5枚。花冠直径3.5～4.1cm，花瓣5～6枚、白色、质地薄，花瓣长宽均值2.3～2.7cm，子房有毛，花柱先端3裂、裂位中，花柱长1～1.2cm，雌蕊低于雄蕊。果球形，果径3～3.3cm，鲜果皮厚2～2.5mm，种球形、半球形，种径1.4～1.6cm，种皮棕褐色。

第二节

茶叶种植

一、种植面积

1970—1979年，全县共新建茶园面积达39963亩，主要分布于勐海、勐宋、勐满、格朗和、西定、巴达6个公社茶山，74个大队茶山。其中，大队茶山包括勐阿10个、勐遮9个、勐海8个、勐混8个、勐宋8个、勐满7个、西定7个、巴达7个、格朗和5个、布朗山4个和打洛1个。

1982年，农村实行家庭联产承包责任制后，茶园承包到户经营，茶农的生产积极性提高，新茶园的发展速度加快。1988年，勐海茶厂在巴达、布朗山两个乡分别开辟“万亩茶园基地”。至1990年末，两地的实际茶园面积总计14000亩。

1980—1990年，全县新建茶园面积共计102064亩，年均新建茶园约9279亩。1990年末，全县共有茶园173952亩。其中，等高条植茶园10824亩，占全县茶园面积的6.22%；等高带状密植茶园121090亩，占全县茶园面积的69.61%，是勐海县高产稳产的骨干茶园；其他茶园42038亩。1992年，成立勐海县茶树良种场，开始繁育和推广以云抗10号为主的无性系茶树良种。1994年，改造低产茶园9400余亩，新建茶园15324亩。1995年，全县茶园面积达183000亩。20世纪90年代后期，推广省茶叶研究所选育的“佛香”系列，全县无性系良种面积达4.56万亩。2000年，全县茶园面积达185000亩，茶叶成为勐海县财政增收、农民致富的主要财源，是勐海县四大支柱产业之一。

2000年后，随着普洱茶市场的兴起，农民、企业种植茶叶的积极性高涨，特别是山区乡镇茶园面积增长较快。为适应茶叶生产发展需要，勐海县陆续开展“无公害茶园”“生态茶园”“标准化茶园”“有机茶园”等项目，推广“低产茶改植换种”“茶园绿色防控”“茶园留养”“茶园喷灌”“茶园机械耕作、修剪、采摘”等技术，茶园种植管理水平不断提高。

2005年，全县茶园面积22.57万亩，比上年增加0.61万亩，增长2.7%。年内，新植茶叶面积6500亩。县境内11个乡（镇）及黎明农场均有茶园分布，有无公害生态茶园2万亩。

至2022年末，全县茶叶总面积90.59万亩（其中栽培型古茶山面积8.05万亩，720万株），毛茶产量3.81万吨，实现茶叶农业产值22.87亿元，茶产业税收4.47亿元。全县拥有涉茶类驰名商标5件、马德里商标8件、地理标志证明商标17件。全县注册登记各类茶叶经营主体户达14189户，获SC茶叶企业400多家，规模以上茶企达24户，国家级龙头茶企2户，省级龙头茶企7户，州级龙头茶企10户，县级龙头茶企2户。全县通过茶绿色食品认证企业8家，完成茶叶绿色化绿色食品认证企业8家，认证产品数量51个，认证面积3.17万亩。茶叶

有机食品认证企业162家、产品数量211个，有机茶园认证面积35.19万亩，新增有机茶园认证面积7.19万亩。有3家企业茶园基地通过GAP认证。茶叶“绿色食品牌”基地认定企业18家，认定面积92479.95亩。其中，省级基地认定4家、州（市）级基地认定9家、县级基地认定5家。

二、茶区分布

1975年，全国茶叶工作会议后，勐海县加大茶园建设力度，在勐海、勐遮、勐阿、勐混、勐宋、格朗和等地发展了一批新茶园。至1988年，全县14个乡（镇）均产茶，茶区遍布全县，凡海拔900～2100m的地区均有茶叶种植，茶园集中分布于勐海、勐宋、格朗和、勐遮、勐满、勐混等乡。其中，面积在2万亩以上的有勐海、勐宋2个乡；1万亩以上2万亩以下的有勐遮、勐满、勐混、格朗和4个乡；5000亩以上1万亩以下的有西定、巴达、布朗山、勐阿、勐往、勐冈、象山、打洛8个乡（镇）。

1990年，勐海县农业区划办公室、县茶叶办公室以县内各茶区的自然生态环境、茶叶生产的历史与现状、社会经济条件等为依据，将县内产茶区分为中部红茶主产区和南北绿茶、晒青茶、名茶生产区两大区。

中部红茶主产区。本区地处县境中部，包括勐海、勐遮、格朗和、勐满、勐混、象山6个乡（镇），具有“高温高湿，雨热同季，水热条件均衡、充沛”的特点，是种植茶树最为理想的区域。1990年末，本区茶园面积87597亩，占全县茶园总面积的52.48%；年总产干毛茶40592市担（1市担=50kg，全书同），占全县干毛茶总产量的62.46%，其中，产红毛茶28786市担，占全县红毛茶总产量的84.23%。

南北绿茶、晒青茶、名茶生产区。本区地处县境西南部和北部，包括西定、巴达、勐冈、布朗山、打洛、勐往、勐阿、勐宋8个乡（镇）。本区人少地广，气温低于中部地区而雨量多于中部地区。区内所产的竹筒茶、曼糯茶、大山茶具有香高味浓、条索乌黑、油润显

毫的特点，深受饮者喜爱。1990年末，本区茶园面积79311亩，占全县茶园总面积的47.52%；年总产干毛茶24396市担，占全县干毛茶总产量的37.54%，其中青毛茶产量为19010市担，占全县青毛茶总产量的61.69%。

至今，全县11个乡（镇）及黎明农场都有茶园分布，但是茶园主要分布在山区乡镇，而坝区乡镇茶园面积发展较慢，企业茶园基地建设也都集中在布朗山、勐宋、西定、格朗和等山区和半山区乡。

三、茶叶生产

勐海种茶历史可追溯到三国时期，距今已有1790多年。县境内树龄1700余年的野生型大茶树和树龄800余年的栽培型大茶树，是研究茶树种源、茶叶生产历史状况的“活化石”。1974年，勐海县被列为全国100个产茶5万担的重点县之一。至1985年，曾建立一批成片新茶园，但因管理较差，总体产量不高。1986年后，勐海县进行密植速成高产标准化茶园建设。1987年，勐海县被列为云南省8个茶叶出口基地县之一和全省6个茶叶综示区县之一，促进了勐海县茶叶生产。20世纪90年代，勐海县茶叶生产开始步入高产发展时期。1990年，制定“101”基本茶园建设工程计划，并分年逐步实施。至2000年，完成改造低产茶园面积10642亩。21世纪初期，随着茶叶价格的不断攀升，普洱茶市场火爆，极大推动了勐海茶叶生产。

2014年，西双版纳州委州政府提出了加大生态茶园建设的茶产业发展措施，勐海县开始大力推行生态茶园建设，至2022年末，共有47.2万亩生态茶园通过州级验收。勐海县推进绿色茶园、有机茶园建设，至2022年末，全县绿色茶园认证面积3.17万亩，有机茶园认证面积35.19万亩。勐海县被列为全国普洱茶产业知名品牌示范区、云南省“一县一业”示范县、中国特色农产品优势区，获全国茶叶百强县等荣誉。目前，正在开展全国绿色食品原料标准化生产基地、普洱茶现代产业示范县等创建工作。

第三节

茶园建设

一、茶园改造

1977年开始，在勐阿公社的南朗河、勐海公社的景龙进行低产茶园改造试点，改造面积为176亩。具体做法是：进行改土、改树、改园。改土，在茶树上方离茶树根茎部20～30cm处挖深、宽各50cm的施肥沟后，将草木灰、畜粪、化肥倒入沟中，每亩茶园施草木灰3000kg、畜粪1000kg、磷肥100kg；改树，对衰老茶树进行离地面15～20cm台刈，使其萌发生长力强的新梢；改园，零星丛植改等高带状密植（茶树3行以上种植），补植缺株断行，每亩补足2000株茶树，在茶园中增设道路，种植覆荫树。

20世纪80年代后，勐海县茶产业的发展由计划经济转向市场经济的轨道，勐海县人民政府对茶产业发展提出“加速改造低产茶园，积极推广良种，稳步发展新茶园，提高单产”号召，把过去的古老茶园和20世纪60—70年代种植基础差、产量低的茶园列为改造对象，科学种植茶叶有了巨大发展，栽培上大力推广密植速成丰产栽培技术。1983年，全县按质按量发展新茶园8888.1亩，每亩植茶密度均在3000株左右。进行低产茶园改造，中耕施肥达8948.3亩。1986年，勐海县被农业部、外贸部列为云南省8个出口基地县之一，下达改造1万亩低产茶园的任务。县政府成立勐海县茶叶出口基地县办公室，由县茶办牵头，勐海茶厂、省茶叶研究所协作，以茶叶辅导员为主要技术力量，采取统一设计、分头施工的“三改一清一补”（改土、改树、改园，清除茶园杂草杂木，补植缺株断行）技术措施，在全县大面积实施低产茶园改造1万亩。通过低产茶园改造，使茶叶产量由改造前的21.1kg/亩，增至3年后的69.48kg/亩。1990年，县政府根据这一成果，制定改造低产茶园10万亩，单产达到100斤（50kg）的基本茶园建设工程计划，即“101”工程。至1991年，勐海县在8个乡（镇）20个村共改造低产茶园10238.8亩，平均单产由21.1kg/亩提高到69.48kg/亩，全县毛茶产量由改造前的4644.4t提高到6998.2t，获云

南省“星火计划”三等奖。经10年努力，至2000年，超额完成低改工程，共改造低产茶园100642亩，产量增至12873.2t。低产茶园改造成为勐海县茶叶生产中一项常规的技术措施，在茶农中推广普及，每年自发改造低产茶园约5000亩。

2004年，开始实施低产茶园改植换种技术的研究推广。先后在勐海镇曼直村及勐遮镇曼杭混村建成试验示范茶园百亩，完成低产茶园改植换种5784亩，带动辐射面积5685亩，多数改造后的茶园2足龄即可投产。对每亩种植密度在1000株以下，茶树品种老化，茶叶品质差、产量低的茶园按有机生态茶园科学技术规程，重新规划设置茶园道路、覆荫林带，进行土壤改良、重开种植沟、施有机肥，选择省茶叶科研所杂交无性系良繁育种植，按茶樟间作生态茶园标准配套种植樟脑树。西双版纳州科技局把勐海县的低产老茶园改植换种列为科技试验示范课题，由县茶叶科技推广服务中心和勐海、勐遮镇农业综合服务中心于2004年联合承担组织实施这一课题，并获州政府科技进步奖三等奖。

2014年，勐海县开始推行茶园留养技术，并在南糯山村茶园新村进行

试验示范，共计1600亩。通过降低茶园种植密度、培养树型树冠、茶园绿色防控、增施有机肥等措施，适当降低茶园产量，提高茶叶品质，降低茶园管理成本，提高茶园生产效益。目前已在全县累计推广10万亩以上。

二、新茶园建设

1974年起，兴建社（公社）队（大队）茶山，开始开挖种植沟，普遍采用等高带状单株3行密植技术，每亩植茶3300～5400株。至1978年，全县共发展勐海、勐宋、勐满、格朗和、西定、巴达6个公社茶山，74个大队茶山，总面积32000亩。1970—1979年，全县共新建茶园面积39963亩。

1982年，农村实行家庭联产承包责任制以后，茶园承包到户经营，茶农的生产积极性提高，新茶园的发展速度加快。3月6—10日，召开全县茶叶生产会议，会议总结交流经验，会后参观了省茶叶研究所密植速成高产稳产的新式茶园。会议要求按“以大力发展新茶园为主，改造低产茶园，努力管好现有茶园”方针，做好全面规划和合理布局，落实和完善茶叶生

产责任制，逐步提高科学种茶和采摘管理水平。1982—1987年，在勐宋乡曼吕、坝檬、大安、曼金，巴达乡曼皮，勐冈乡拉巴厅，布朗山乡章家8个村公所发展一批等高带状密植茶园，面积总计51000亩。1986年，省茶叶研究所在南糯山推广复合生态茶园种植技术，除茶树种植实行等高带状密植外，在茶树幼龄期，茶园中间作黄豆、玫瑰茄等短期经济作物，同时在茶园道路沿边种植泡果、芒果、血李等果树，总计面积约1000亩。1986—1988年，实施国家“星火计划”，综示区在流沙河两岸建立速成丰产生态茶园8000亩。

至1988年，全县发展速成丰产生态茶园32000余亩，3年投产，亩产平均在30～50kg之间。1986年，县政府调整茶叶生产政策，茶叶生产转移到山区，发展新茶园对山区实行无偿扶持、对坝区实行有偿扶持的办法，无偿扶持标准20元/亩，扶持费原则上给予茶籽、茶苗和部分化肥、农药补助。继续执行茶叶奖售粮政策。1988年，根据市场行情变化，为防止茶叶加工产销脱节，勐海县在抓好农村茶叶基地建设的同时，茶叶加工单位在县境内几座适宜种茶的荒山上兴办了3处规模较大的茶叶种植场，即属于国营勐海茶厂的布朗山乡新班章茶场、巴达乡大黑山贺松茶场（成园面积合计7000余亩）和省茶叶研究所在勐往乡那碧开辟茶园（成园面积达2000余亩）。以上3个茶叶基地种植面积1万亩，开始采用无性系育苗繁殖（扦插）技术，先后投产，修建厂房，进行茶叶精制加工。至1990年末，勐海茶厂在布朗山、巴达2乡分别开辟“万亩

茶园基地”的实际面积合计14万亩。1989年，茶叶生产贯彻“新茶园发展和低产茶改造并举”方针，以群众自筹为主，国家补助为辅，在少茶山区、无茶乡村以发展新茶园为主，坝区和老茶区则以改造低产茶园为主。继续执行基数内茶叶奖售粮的政策。1980—1990年，全县新建茶园面积达102064亩，年均新建茶园约9279亩。至1990年末，全县有茶园173952亩。其中，等高条植茶园10824亩，占全县茶园总面积的6.22%；等高带状密植茶园121090亩，占总面积的69.61%，是勐海县高产稳产骨干茶园;其他茶园42038亩。

1990年后，勐海县新发展茶园均为等高带状密植茶园，采用双行单株或单行单株方式种植，每亩种植密度在1600～2400株之间，茶园逐年稳步增长，县委、县政府提出“稳定、改造、提质、增效”发展方针。至2000年，全县茶园面积18.5万亩。2003年以后，随着普洱茶市场的兴起，茶农茶企种植茶叶的积极性高涨，在一些茶价比较高的乡镇如布朗山乡、勐宋乡、格朗和乡、勐混镇等，有很多茶企承包土地建设茶叶基地。茶农也自发发展茶叶种植，脱贫攻坚工作中，贫困户种植茶叶也是一项有效的脱贫措施。2020年后，茶园新植面积增长放缓，至2022年末，全县茶园面积达90.59万亩。

三、茶园管理

1980年以前，由于经济形势重粮轻茶，对茶叶生产上的政策问题深入调查研究不多，根本问题得不到解决，造成茶园经营管理不善，使群众管理好茶园的积极性、自觉性没有调动起来，以至于茶园毁坏严重，茶园逐年降级过多。1982年，茶园承包到户后，实行家庭生产与管理，户管户培。茶叶作为县内农村家庭经济的主要来源，茶农更加注重茶园管理，实行采养结合，茶园除草、中耕施肥、剪枝养蓬的管理措施在各茶区已普遍采用。

2000年以前，茶园管理基本采用人工进行。2000年后，开始逐步推广使用茶园修剪机，现已在茶园管理中普遍使用。

勐海县茶园管理中主要推广应用的技术：茶园间套种，主要推广以茶樟间作的模式，后期开展了茶与珍贵树、茶与坚果、茶与芒果间作等多种模式，大致按每亩套种8～12株的密度来种植，既使茶树得到覆荫，又能增加茶园的经济效益，还有的套种食用菌、药材等实验。茶园绿色防控，针对勐海县主要发生的病虫害，推广较多的是黏虫板，防治茶小绿叶蝉及茶黄蓟马，以及杀虫灯防治茶黑毒蛾、茶谷蛾、茶蚕等鳞翅目害虫。此外，逐步推广使用生物农药、植物源、矿质源的农药进行病虫害防治。茶园机械推广，前期主要推广修剪机，已在茶园中得到普遍应用；后期主要推广茶园除草机，茶园机械采摘有少数茶企基地进行实验。茶树嫁接，在布朗山乡应用得较多，嫁接插穗主要以苦茶为主，通过嫁接来改善茶叶品质，但技术难度较大、成本高，只在山区小面积推广。

四、无公害茶园和生态茶园建设

2000年，勐海县开始发展无公害茶园。初期，在布朗山乡以项目的形式，按无公害茶园建设要求建新植茶园，已种植好的常规茶园按无公害茶园的要求转换。在布朗山乡勐昂村、章家村种植无公害茶园2300亩，转换常规茶园500亩。已开始推广在茶园中套种樟树的“茶樟间作”模式。这一时期，发展无公害茶园，只是在技术层面上按照无公害茶园的要求来建设，并没有相关认证。

2009年，勐海县实施无公害茶园整体认证项目，完成18.75万亩无公害茶园认证。根据国家的相关政策，目前已停止受理无公害农产品认证受理（包括复查换证）。2014年，西双版纳州委、州政府提出了加大生态茶园建设的茶产业发展措施，勐海县开始大力推行生态茶园建设，每年建设生态茶园6万亩以上，至2020年，共有47.2万亩生态茶园通过州级验收。2020年后新建设的生态茶园尚未进行验收。

第六章 勐海味之工艺香

在茶叶加工方面，勐海茶区在漫长的历史长河中以生产晒青毛茶为主。这些晒青毛茶被茶商马帮驮运到思茅、宁洱，加工成“名重天下”的普洱茶，远销海内外。民国时期，勐海制茶业迅速崛起，创新产品，开拓销路，各种普洱紧压茶的加工和贸易均呈现出繁荣景象，特别是20世纪30年代末至40年代初，是勐海制茶业的一个鼎盛时期，茶叶加工技术及产量均处于全省领先水平。勐海逐渐成为普洱茶原料中心、加工中心及集贸中心。这一时期，滇红茶也在勐海创制成功，并在全省率先生产机制红茶。

第一节

勐海普洱茶加工工艺的历史演变

1382年，明代关于普洱茶的记载没有系统的制作方式，在当时明代驻军的眼中，喝普洱茶就只是比喝水稍好一点。到了1664年，《物理小识》记载的“蒸而成团”，开始明确普洱茶的制茶工艺，“团”所指的是紧压的物块，包括饼、沱等都属于“团”。再过了接近100年，炒茶工艺出现，且普洱茶的名称在1825年出现在了正史的记载中。后经历了近200年，从“蒸而成团”到“蒸炒并存”的阶段。再经过大概100年的时间，出现了和现在非常接近的加工工艺，炒后变软，然后揉茶，晾干即得毛茶，就是初制茶。1939年，李拂一所著的《佛海茶业概况》，已经把普洱茶的初制茶的工艺说得非常清晰：“入釜炒使凋萎，取出竹席上反复搓揉成茶，晒干或晾干即得，是为初制茶。”1950年，中国茶业公司云南省公司成立，部队进驻后把下属的所有茶厂，全部统一了普洱茶的加工工艺，分为初制和精制两个部分，这个制茶工艺延续至今。

晒青茶按其生产季节分为春茶、夏茶、秋茶3类。3类品种中，春茶品质最好，秋茶次之，夏茶较差。1957年以前，县境内晒青茶的制作过程全系手工，以家庭为加工单位。1958年，农业生产合作化以后，遂以合作社为加工单位，开始推广人力、畜力制茶机具，提高了制茶工效和质量。1964年，勐遮曼勐养水电站供电以后，开始使用电力制茶机。1982年，农村实行家庭联产承包责任制以后，晒青茶的制作又以家庭为单位。至1990年，加工仍以手工、机制并行，年加工量2000余吨。1990—1997年，全县晒青毛茶产量相对稳定在3000t上下。自1998年起，呈稳步递增的态势。至2005年，晒青毛茶产量达9681t。至今，随着茶园面积的增加和科技水平的提高，勐海县茶叶产量逐年提升。至2022年，全县晒青茶产量达到了3.81万吨。在茶叶初制机械方面，也更多地向智能化、清洁化的方向发展，推广清洁化新能源加工设备7000余台套、摊凉床300多台套以替代木柴、煤炭的加热模式，推荐企业使用生物燃料，减少空气环境污染，减少砍伐木柴，保护森林资源，走“生态立县”可持续发展路线。229所茶叶初制所完成规范达标，茶叶初加工的清洁化、智能化、标准化程度进一步提高。

1954年，勐海茶厂开始加工少量烘青茶。1961年，为扩大销售市场，勐海茶厂又在南糯山分厂进行烘青茶加工。1976年，茶厂派人指导，在格朗和公社南糯山茶区开始群众性加工烘青茶。1986年，在格朗和区南拉初制所、勐混区贺开初制所、

勐海区曼懂初制所先后加工烘青茶。此后，除南拉初制所为茶厂定点加工烘青茶外，贺开、曼懂初制所均改制工夫红茶。1989年，勐海县星火茶厂建成投产后，进行少量的烘青茶加工。至1990年，全县烘青茶年加工量约250t。2000年后，随着普洱茶的热销，只有少数企业或者茶厂持续生产烘青茶。至今每年产量不足百吨。

1939年，范和钧在勐海试制出工夫红茶。1940—1941年，勐海茶厂共生产工夫红茶200t。1952年，省茶叶研究所和勐海茶厂共同在勐海推广工夫红茶初制技术，共组建了12个红茶初制所，生产红毛茶19t。1980年后，工夫红茶初制规模不断扩大。至1990年，全县共建有57所工夫红茶初制所，年加工量1700余吨。1990—1997年，红茶生产稳步提升，产量逐步提升至2700t左右，几乎占毛茶半壁江山。从1998年开始，红茶生产出现跳崖式的减少，特别是受普洱茶热的冲击，勐海红茶几乎被淡忘。随着普洱茶市场增长放缓，勐海县一些茶企、茶农开始生产红茶、白茶，以增加产品种类，适应市场需求。

勐海是云南红碎茶的最早生产地。1940年，南糯山制茶厂生产出15t早期的机制红碎茶，勐海茶厂也生产了部分红碎茶。1964年，全国红碎茶现场示范会在勐海召开，在国内外茶叶专家、学者的“传、帮、带”下，勐海茶厂试制红碎茶成功。红碎茶作为主要加工茶类投入生产，其初制由勐海茶厂红茶初制车间、南糯山分厂加工。1989年，勐海县星火茶厂建成投产，以加工红碎茶为主。此后，受市场需求的影响，红碎茶产量逐渐减少。至今，勐海县已不再生产红碎茶。

勐海县是全国茶叶出口基地县之一，勐海茶厂是国家指定的边销茶重点生产厂家，主要生产以“大益”牌为注册商标的红茶、绿茶、普洱茶、紧压茶四大茶类，107个花色品种，年生产规模为7500t。

1978年以前，勐海茶厂试制红碎茶成功后，批量加工滇红礼茶、工夫红茶一级、大号红碎、红金号片等33个红茶花色品种，红茶年加工量呈上升趋势。1978年，加工红茶370.15t。1990年，加工红茶1586.3t。1981—1990年，总计加工工夫红茶1626.4t，年均加工量162.64t，加工红碎茶2253.83t，年均加工量225.38t。1993年，加工红茶2095.7t。1994年6月，勐海茶厂从印度引进的CTC先进红碎茶生产线投入使用，当年加工量510.5t。2002年，加工红茶127.6t。至2022年末，全县红茶产量为120t，主要是晒红。

20世纪50—90年代，省茶叶研究所开展烘青绿茶加工技术研究，先后创制出云海白毫、版纳曲茗、佛香茶等名优绿茶，并延续和发展勐海绿茶的生产技术。1970年以后，勐海茶厂开始批量加工绿茶，花色品种逐渐增多。1978年，勐海茶厂加工绿茶183.75t。1981年，勐海茶厂专设绿茶车间。同时，在厂长唐庆阳的主持下，成功研制名优产品——南糯白毫。1989年，勐海县星火茶厂建成投产，开始精制少量绿茶。至1990年，县内先后加工春蕊、春芽、春尖、春玉、滇绿、大叶茶、绞股蓝保健茶、茉莉花茶等19个绿茶花色品种，共加工绿茶724.6t。1993年，勐海茶厂共加工绿茶1083.3t。2002年，勐海茶厂共加工绿茶15.1t。至今，在市场需求的调剂下，绿茶产量越来越低，目前仅有云茶科技有限公司等少数茶企生产烘青绿茶，年产量不足百吨。

20世纪60年代中期，勐海茶厂在生产紧压茶时开始进行人工后发酵试验，当时产品称之为“云南青”，即现代普洱茶的雏形。20世纪70年代中期，勐海茶厂开始批量生产人工后发酵的普洱熟茶（特种茶）。产品投放市场后，因采用人工潮水渥堆工艺生产，其滋味独特，备受行家及消费者的欢迎。1978年，为适应市场需求，勐海茶厂根据云南省茶叶公司下达的加工指标，开始调查产品整体架构，加大普洱熟茶的加工量，其年加工量跃居精制茶类之首位，发展成勐海茶厂的名牌产品。是年，普洱熟茶年加工量489.15t。1982年后，普洱熟茶加工量呈现上升态势。1978—1990年，总计普洱茶加工量4719.5t，年均加工量363.04t。至1990年，勐海茶厂先后加工普洱熟茶七子饼、普洱散茶两大品种的普洱礼茶和普洱茶79342、79452等16个花色品号。是年，普洱熟茶年加工量1332.3t。1999年后，受茶叶市场等多种因素影响，普洱茶加工量呈现下降趋势。2004年后，普洱茶市场逐渐看好，普洱茶价格不断上涨，致使县境内普洱茶产量也不断攀升。至2005年，勐海茶厂生产的普洱熟茶品种主要有7262、7572、7592、7632、7672、7692、8592、V93沱茶、普洱贡茶、宫廷普洱等，青饼品种主要有7542、7582、7742、8582、女儿贡茶（250g）、孔雀饼（400g）、勐海之春等20余个。其中，7572是评判普洱茶熟茶品质的标准产品，7542是评判普洱茶青饼品质的标准产品。

随着普洱茶市场的发展，勐海县精制普洱茶的产量也年年增加，最高时年产量达2.85万吨，后来由于新冠肺炎疫情的影响，普洱茶精制茶产量逐渐下降，2022年末，全县普洱茶产量1.23万吨。

1978年前，勐海茶厂生产的紧压茶（普洱生茶）作为大宗产品批量生产，居精制茶类加工量之首位。1978年后，勐海茶厂降低紧压茶加工量。至1990年，先后加工砖茶、七子饼茶、沱茶等8个紧压茶花色品种，其中七子饼茶、沱茶被评为名优产品。1991年1月，勐海茶厂被国家民委、商业部确定为全国16个边销茶生产加工企业之一，所生产加工的边销茶主要是紧压茶，主销区为西藏。1998年7月，勐海茶厂再次被列为全国民族用品边销茶定点生产企业。普洱茶产品主要有普洱散茶和普洱紧压茶两大类，加工流程大致包括杀青、揉捻、日光干燥、精制分级、拼配蒸压成型五个环节。

普洱茶制茶工艺过程：

（1）晒青茶加工工艺

鲜叶摊放→杀青→揉捻→解块→日光干燥→包装

（2）普洱茶（生茶）加工工艺

晒青茶精制→蒸压成型→干燥→包装

（3）普洱茶（熟茶）散茶加工工艺

晒青茶后发酵→干燥→精制→包装

（4）普洱茶（熟茶）紧压茶加工工艺

①普洱茶（熟茶）散茶→蒸压成型→干燥→包装

②晒青茶精制→蒸压成型→干燥→后发酵→普洱茶（熟茶）紧压茶→包装

1.初制加工工艺

普洱茶的初制是指将采摘下来的鲜叶进行加工处理的过程。下面是普洱茶初制的一般工艺流程：

采摘：选择适宜的茶树，采摘嫩稍，通常以一芽二叶或一芽三、四叶为主。

杀青：将采摘下来的鲜叶进行杀青处理，目的是停止鲜叶内部酶的活动，防止发酵。常见的杀青方法有高温手工铁锅杀青和机械杀青两种。

揉捻：经过杀青后，将杀青叶进行揉捻，使其形成条索状。揉捻的目的是破坏叶细胞结构，促进茶汁与空气接触，为后续的发酵提供条件。

晾晒：揉捻后的茶叶需要进行晾晒，使其逐渐失去水分，达到适宜的含水量。晾晒的方法有自然阳光晾晒和人工晾晒两种。

分类分级：经过晾晒后，茶叶会根据外形、大小、质量等因素进行分类分级，以便后续的加工和销售。

2.精制加工工艺

普洱茶的精制是指在初制茶的基础上，通过一系列工艺步骤对茶叶进行进一步的处理和提炼，以达到更好的口感和品质。下面是普洱茶精制的一般工艺流程：

拼配：将初制好的茶叶按照一定的比例进行拼配，以调整茶叶的口感和风味。拼配的目的是使茶叶更加均衡和协调。

发酵：将拼配好的茶叶进行发酵处理。发酵是普洱茶独特的工艺环节，通过微生物的作用，茶叶中的化学物质发生变化，形成特有的香气和口感。

压制：经过发酵后的茶叶需要进行压制，即将茶叶装入模具中压制成各种形状，如饼状、沱状、砖状等。压制有助于茶叶的保存和陈化。

储存陈化：压制完成后的茶叶需要进行储存陈化，时间一般为数年至数十年。在储存过程中，茶叶会逐渐

发生化学变化，口感和香气会逐渐改善和提升。

筛选分级：经过储存陈化后，会对茶叶进行筛选和分级，以去除杂质和不符合标准的茶叶，保留高品质的茶叶。

一、晒青毛茶工艺的历史发展

勐海茶区由于位于北回归线以南，阳光常处于高角度甚至垂直照射地面的状态，光照强，时间长，有利于生产晒青毛茶。居住在这片土地上的先民们，在最初利用茶叶的过程中，为了贮藏及运输的方便，利用这得天独厚的光照来晒干茶叶，从而迈出了勐海茶生产历史上重要的一步。

最初的方法是“散收、无采造法”。即将茶叶鲜叶直接晒干（即生晒）而成，没有内地的饼茶、团茶等茶类的采制方法。

明清以来，随着社会生产力水平的不断提高，茶叶生晒方式也逐渐演变成了较为复杂的晒青毛茶的多种加工方法。据李拂一先生《佛海茶业概况》（1939）记载：“佛海茶叶制茶，计分初制、再制两次手续。”其中，初制法为“茶农将茶叶采下，入釜炒使凋萎，取出于竹席上反复搓揉成条，晒干或凉干即得”。这正是对

普遍存在于勐海茶区的茶农加工晒青毛茶的真实记述。

1953—1954年，省茶科所对勐海坝区傣族群众茶叶生产经验进行了调查研究，总结了傣族群众生产晒青毛茶的三种工序：

（1）杀青→揉捻→晒干

这种制法与《佛海茶业概况》中的记载相符，即把茶叶鲜叶放入加热后的铁锅内手炒杀青，投叶量视铁锅大小而定，以翻炒自如，不致炒焦为准。炒时必须闷抖结合，待茶叶变软、颜色深绿时，倾倒在竹席上，用手慢慢将茶汁揉出，茶叶揉成条形后，薄摊在大块正方形竹席上，让太阳晒干即成。

（2）杀青→揉捻→渥堆（后发酵）→晒干

这种制法比第一种增加了一个渥堆的工序，即把揉捻好的茶叶装入小竹箩中，留在家里放一夜，进行初步后发酵，第二天拿出日晒至干。

这种工序是晒青毛茶最常见的一种制法。一般而言，傣族群众从清晨开始采摘茶叶，中午就在茶地边树荫下吃准备好的饭菜，休息片刻

后继续采茶，直到傍晚才回家。晚饭后开始在火塘边加工茶叶，进行杀青、揉捻后，已是夜晚，只好把揉好的茶叶装入竹箩中，第二天再晒干。可以说，最初的渥堆后发酵工序是傣族群众在劳作时有意无意中形成的。

（3）杀青→初揉→渥堆（后发酵）→初晒→复揉→晒干

这是一种较为精细的制法。将鲜叶在铁锅内手炒杀青后，进行第一次揉捻，揉捻时间因茶叶的老嫩不一而不定，应从揉捻成条率来把握，待80%以上的杀青叶都揉成条形后即可装入竹箩中进行后发酵，第二天拿出来薄摊在竹席上，让阳光晒至半干后，再在竹席上进行第二次揉捻。这一次揉捻用力要适度，要侧重揉原未成条的部分（较老的茶叶），且揉好一部分即要摊开一部分，待所有茶叶都揉成条形后，将其晒干即成。

在调查傣族群众茶叶生产方式的基础上，省茶科所于1953—1954年进行了有关晒青毛茶加工的一系列试验：不同茶树品种所制晒青毛茶品质比较试验；有樟树杂生茶园与无樟树杂生茶园所制晒青毛茶品质比较试验；鲜叶过夜与不过夜加工对晒青毛茶品质的影响试验；不同杀青程度对晒青毛茶品质的影响试验；手炒与机炒杀青比较试验；杀青温度高、低比较试验；杀青后摊凉与不摊凉对晒青毛茶品质的影响试验；手揉与机揉比较试验；经后发酵与未经后发酵的晒青毛茶品质比较试验；晒青与烘青品质比较试验；等等。

经过试验，省茶科所总结完善了晒青毛茶加工技术规程，以此指导并带动勐海各族群众进行晒青毛茶加工，使普洱茶原料——晒青毛茶的品质有了较大提高。至今，境内的傣族、哈尼族、拉祜族、布朗族等民族仍普遍采用这些技术加工晒青毛茶。

另外，在晒青毛茶加工机具方面，1957年以前，勐海县境内晒青毛茶的制作过程全是手工，并以家庭为加工单位。1958年，农业生产合作化以后，遂以合作社为加工单位，开始推广人力、畜力、电力制茶机具。其中，省茶科所20世纪50年代试制成功的手摇双锅杀青机（改进型）、畜力杀青机、畜力揉捻机；20世纪60年代试制成功的平锅杀青机，勐海64型、65型手推揉茶机；20世纪70年代试制成功的槽式手电两用连续杀青机；等等。这些制茶机具都在勐海茶区广泛推广，提高了晒青毛茶的加工工效和品质，深受广大群众的欢迎。

20世纪80年代以来，勐海农村实

行家庭联产承包责任制，晒青毛茶的制作以家庭为单位，以手工、机制并行。20世纪90年代以来，勐海茶区以行政村、自然村、家庭等多种方式，普遍建立初制所或加工作坊，大量生产晒青毛茶，其加工工序为：摊青→杀青（机械或手工锅炒）→揉捻（手揉或机揉）→晒干。初制所一般都建有专门的水泥地面晒青场地或专门的透光晒青室（棚），而优质晒青茶的生产，通常采用大簸箕或大块正方形竹席在室外通风晒干。

二、勐海普洱紧压茶的历史发展

清代末期，普洱茶蒸揉（或压）加工技术进一步向南部茶区转移，由普洱、思茅到勐腊的倚邦、易武以及勐海等地。

紧压茶是以晒青毛茶为原料，经蒸揉（或压）成型等工序加工而成。1910年，茶商张堂阶开设了勐海第一个茶叶加工作坊——恒春茶庄，从思茅请来揉茶师，收购晒青毛茶，就地加工成紧茶、圆茶等产品，再经思茅、普洱转销青藏等地区，或出境销往东南亚、南亚诸国。继恒春茶庄之后，各地茶商纷纷到勐海开设茶庄加工紧压茶产品。到1941年，勐海境内共有恒春、洪记、可以兴、恒盛公、新民、复兴、鼎兴等20多家茶庄，每年加工紧茶（心形或蘑菇形）、圆茶（饼茶）、砖茶、方砖茶等普洱紧压茶1000多吨，特别是1938—1941年间，年产量均在2000t以上，其中的85%为紧茶，销往中国西藏及尼泊尔、不丹一带；15%为圆茶，销往缅甸、泰国及南洋一带。

民国时期，勐海的普洱茶产品以紧茶为主。紧茶由普洱团茶发展演变而来，原料较为粗老，主要销往青藏等地区。因团茶经长途跋涉运到西藏后，曾部分出现发霉，因此，勐海恒春茶庄在1913年首先将圆球形的团茶改制成带把的“牛心形”紧茶（或称之为“蘑菇形”紧茶），便于水分挥发，并用箨叶将七个紧茶包装成一筒。这样，每个紧茶之间留有空隙，能继续散发水分，不致发霉。紧茶因价廉物美而深受藏族同胞的喜爱。现存民国时期出产的勐海紧茶在台湾被称之为“末代紧茶”，是鼎兴茶庄的产品。

圆茶（饼茶）也是民国时期勐海紧压茶产品之一。七子饼茶蕴含着团圆美满、多子多福之意，便于运输和保管，自然陈化一定年限后还会产生不同的独特陈香，滋味变醇、变爽、变润，因此深受各地茶商和消费者的喜爱，特别是港、澳、台地区及东南亚国家的消费者，对七子饼茶更是情有独钟。

民国时期，勐海也少量生产砖茶，主要由可以兴茶庄生产。可以兴砖茶每块重约500g，采用勐海大叶种晒青毛茶为原料蒸压而成。在香港、台湾等地，现存有极少的产于20世纪40年代末期的可以兴砖茶。另外，洪记茶庄还生产一种正方形的方砖茶（也叫方茶），现已无存。

紧压茶的加工方法，李拂一先生在《佛海茶业概况》（1939）一文中有较为详细的描述：“制造商收集‘散茶’，分别品质，再加工制为‘圆茶’‘砖茶’或‘紧茶’，另行包装，然后输送出口，是为再制茶。兹分述于下：

圆茶：圆茶大抵以上好茶叶为之。以黑条作底曰‘底茶’；以春尖包于黑条之外曰‘梭边’；以少数花尖盖于底及面，盖于底部下陷之处者曰‘窝尖’，盖于正面者曰‘抓尖’。按一定之部位，同时装入小铜甑中，就蒸汽使之蒸柔，倾入特制之三角形布袋约略揉之，将口袋紧结于底部中心，然后以特制之压茶石，压成四周薄而中央厚，径约七八寸之圆形茶饼，是为圆茶。不熟练之技师，往往将底茶揉在表面，而将春尖及谷花尖反揉入茶饼中心，失去卖样。普洱茶揉茶技师之最高技术，即在于此。如底面一律，此揉茶技师，则失其专家之尊严矣。每七圆以糯箨叶包作一包曰‘筒’，七子圆之名以此；每篮装十二筒，南洋呼为一打装。两篮为一担，约共重旧衡一百二十斤。此项圆茶每年销售于暹罗者约二百担，销售于缅甸者约八百担至一千五百担。

砖茶：砖茶原料以黑条为主，底及面间有盖以‘春尖’或‘谷花尖’者，按一定次序，入铜甑蒸之使柔，然后倾入砖形模型，压之使紧，是为砖茶。每四块包作一包，包时块中心尚须贴一小张金箔，先用红黄两色纸包裹，外面加包糯笋叶一层，再装入竹篮即成。竹篮内周须衬以饭笋叶。每篮十六包，每担计两篮，约共重一百一十余斤。专销西藏，少数销至不丹、尼泊尔一带。年约可销二百担至三百担。此外尚有一种小块四方茶砖，仅洪记一家制造，装法包装，大体与砖茶相同，只不须贴金，年约销四五十担。

紧茶：紧茶以粗茶包在中心曰‘底茶’，二水茶包于底茶之外曰‘二盖’，黑条者再包于二盖之外曰‘高品’。如制圆茶一般，将各色品质，按一定之层次同时装入一小铜甑中蒸之，俟其柔软，倾入紧茶布袋，由袋口逐渐收紧，同时就坐凳边沿照同一之方向轮转而紧揉之，使成一心脏形茶团，是为紧茶。‘底茶’叶大质粗，须剁为碎片。‘高品’须先一日湿以相当之水分曰‘潮茶’。经过一夜于是再行发酵。成团之后，因水分尚多，又发酵一次，是为第三次之发酵。数日之后，表里皆发生一种黄霉。藏人自言黄霉之茶最佳。天下之事，往往不可一概而论的：印度茶业总会，曾多方仿制，皆不成功，未获藏人之欢迎。这或者即是‘紧茶’之所以为‘紧茶’之唯一秘诀也。紧茶每七个以糯笋叶包作一包曰一‘筒’，十八筒装一篮，两篮为一‘满担’，又叫一驮，净重约旧衡一百一十斤左右，专销西藏，少数销于尼泊尔、布丹、锡金一带，年可销一万六千担。”

20世纪50年代，省茶科所以晒青毛茶为原料，试制了心形紧茶、饼茶等紧压茶产品。勐海茶厂1952年恢复建厂后，从1954年开始生产“中茶”牌紧压茶，20世纪80年代以来开始生产“大益”牌紧压茶，有饼茶、砖茶、紧茶等产品。

传统紧压茶的加工，现在通常采用如下工序：晒青毛茶→拣剔→称茶→蒸茶→装袋→揉（或压）茶→退袋→干燥→贮藏。

三、勐海普洱熟茶的诞生

20世纪60年代中期，随着“两广”和港台地区普洱茶销量的不断增长，青饼普洱茶的自然陈化周期长，已很难满足市场需求。为了加快普洱茶的后熟作用，促进普洱茶形成独特的品质，缩短仓贮时间，勐海茶厂当时即开始进行人工后发酵试验，产品称之为“云南青”，即现代普洱茶的雏形。1973年，为适应市场的需求，在云南省茶叶进出口公司的主持下，勐海茶厂和昆明茶厂联合组织进行普洱茶人工后发酵工艺的实验开发，取得了成功。1974年，勐海茶厂又对人工发酵工艺进行改进完善，试制出现代普洱茶0.3t，外观、滋味、香气等感观指标均达到了广东客户和出口香港等地区的要求。1975年起，勐海茶厂开始大批量生产现代意义上的普洱茶。

现代普洱茶包括普洱散茶和普洱紧压茶两部分。现代普洱散茶是晒青毛茶经渥堆发酵后筛制分级而成的商品茶，其工艺流程为：晒青毛茶→筛分→潮水→渥堆→翻堆→干燥→筛分→拣剔→拼配成件。普洱散茶外形条索肥硕，色泽褐红（俗称猪肝色）或带灰白色，汤色红浓，滋味醇和，独具陈香。现代普洱紧压茶是以普洱散茶为原料蒸压而成，

其工艺流程为：普洱散茶→拼配→称茶→蒸茶→压茶→干燥→包装。普洱紧压茶是以现代工艺、现代设备加工而成的具有传统外形的普洱茶产品，其外形多样，有圆饼形的普洱饼茶（熟饼）、碗臼形的普洱沱茶、长方形的普洱砖茶、正方形的普洱方茶等，同一外形的产品具有造型端正、松紧适度、规格一致等特点。

第二节

勐海普洱茶加工

一、普洱茶的定义

现市场上的被称作普洱茶的实际应当有两种以上的茶产品，即未氧化（未经后发酵）的普洱茶产品和氧化（经后发酵）的普洱茶产品，今天的经后发酵的普洱茶是经长期不断演变而形成的，从其品质特征来看，与原初（初创）历史上所称未经后发酵的普洱茶产品具明显区别。从反映历史和承认普洱茶品质演变的现实角度看，两种普洱茶产品，是普洱茶发展过程中的产物，普洱茶品质的演变是有赖于过去的基础。氧化（经后发酵）的普洱茶产品的产生和发展与人们对茶叶变化的认识不断深化，消费的需求的变化以及制茶加工技术的改进、创新密切相关。

从产品标准角度看，按国际惯例，普洱茶产品是一种地理标志产品。因为其具有地理标志产品的典型属性：普洱茶是中国历史悠久的传统名茶，是荟萃了茶树优良生长环境、茶树良种、茶叶制作加工工艺和茶叶品饮文化等诸多特定元素形成的，具有独特品质特征和良好的保健作用的茶产品。

2008年5月，中国国家质量监督检验检疫总局批准对普洱茶实施地理标志产品保护。2008年6月，国家标准化管理委员会批准《地理标志产品 普洱茶》国家标准并已于2008年12月1日正式实施。

《地理标志产品 普洱茶》（GB/T 22111—2008）国家标准规定了地理标志产品普洱茶的保护范围、术语和定义、类型与等级，并对普洱茶生产所涉及的产地环境、茶树品种、茶树种植及茶园管理、鲜叶、加工工艺流程、质量要求、试验方法、检验规则、标志、包装、运输、贮存作出明确规定。

根据普洱茶地理标志产品保护范围的界定，普洱茶地理标志产品的产地是：云南省普洱市、西双版纳州、临沧市、昆明市、大理州、保山市、德宏州、楚雄州、红河州、玉溪市、文山州等11个州（市）所辖75个县（市、区）639个乡（镇）、街道办事处［注：上述11个州（市）共辖97县989乡（镇、街道办事处）］。

普洱茶产地，是云南境内适合云南大叶种茶栽培和普洱茶加工的区域，为21°10′～26°22′N，97°31′～105°38′E的区域。云南普洱茶产地地处低纬度，高海拔，茶园主要分布于海拔1000～2100m的山地。产地土壤类型主要为砖红壤、砖红性红壤、山地红壤和山地黄壤等，土层深厚，有机质含量高，pH为4.5～6。普洱茶产地气候属热带、亚热带气候类型，具有“立体气候”“多雾”等特点。冬无严寒，夏无酷暑，雨量充沛，相对湿度大，冬末至夏初日照较多，光照充足。夏秋雨水较多，云雾大而日照较少。年均气温在14℃以上，极端最低气温不超过零下6℃，活动积温在4600℃以上，年降雨量800mm以上；空气相对湿度70%～80%，日照时数在2000h以上，日照百分率40%～50%，太阳辐射量在544.3kJ/cm^{2}以上。普洱茶产地大多远离城市工业污染，山清水秀，森林覆盖率达到60%以上，生态环境良好。用于加工云南普洱茶的主要茶树品种有勐海大叶茶、勐库大叶茶、凤庆大叶茶、云抗10号、云抗14号、长叶白毫、矮丰、紫娟等。

普洱茶（Puer Tea）的定义：以

地理标志保护范围内的云南大叶种晒青茶为原料，并在地理标志保护范围内采用特定的加工工艺制成，具有独特品质特征的茶叶。按其加工工艺及品质特征，普洱茶分为普洱茶（生茶）和普洱茶（熟茶）两种类型。

普洱茶（生茶）：外形色泽墨绿，形状端正匀称、松紧适度、不起层脱面；撒面茶应包心不外露；内质香气清纯、滋味浓厚、汤色明亮，叶底肥厚黄绿。

普洱茶（熟茶）紧压茶：外形色泽红褐，形状端正匀称、松紧适度、不起层掉面；分撒面、包心的茶，包心不外露。内质汤色红浓明亮，香气独特陈香，滋味醇厚回甘，叶底红褐。

普洱茶（生茶）加工是将晒青茶经精制、蒸压成型、干燥、包装后入库。精制过程要将原料通过筛分、风选、拣剔，除去梗、片及非茶类物质，达到分级要求。并根据拟生产的普洱茶品质要求进行合理拼配，蒸压成型，在一定的条件下干燥后，包装入库。干燥温度以不超过60℃为宜，含水量须控制在13%以内。

普洱茶（熟茶）加工的关键工序主要是后发酵。普洱茶（熟茶）散茶的加工工艺是将晒青茶进行后发酵、精制、干燥、包装。普洱茶（熟茶）紧压茶的加工：一是将普洱茶（熟茶）散茶经蒸压成型、干燥、包装；二是将普洱茶（生茶）贮存在一定的环境下，经过长期缓慢后发酵，使其逐渐转化形成具有普洱茶（熟茶）紧压茶的品质。

近年来，通过技术创新，新开发的普洱茶深加工产品不断涌现，市场畅销的主要有普洱茶罐装饮料、速溶普洱茶和普洱茶粉。而以普洱茶粉作为食品辅料生产出的普洱茶糖、普洱茶饼干、普洱茶面条、普洱茶冰激凌等产品已获得市场的认可。

二、勐海味普洱茶的由来

“勐海味”的概念出现于2012年前后。起因是当时临沧发酵的熟茶、思茅发酵的熟茶也开始大量上市。为了区别于临沧和思茅等地所产熟茶，推进勐海县创建“全国普洱茶产业知名品牌创建示范区”，时任勐海县副县长，现任云南茶科所所长何青元提出“勐海味”的概念和品牌，即“浓酽醇爽，香韵独特，生态安全，神奇健康”的“勐海普洱茶”。

“勐海味”熟茶滋味浓醇，苦涩皆有，显厚重。这种韵味可以简单描述为“协调性”“苦涩味的协调性”。

“勐海味”形成的三大要素为勐海原料、勐海发酵、勐海仓储。勐海原料是基础，勐海发酵是关键，勐海仓储是固化品质。

茶人们通过对不同地区原料、不同地发酵熟茶的反复对比发现勐海发酵是最为关键的一环，因为勐海的自然地理环境无可复制。将其他地方的茶叶原料拉到勐海发酵，也总能得到些“勐海风韵”。只是茶香、茶汤滋味的具体表现，会因为茶叶内质本身的差别，大不相同。

第三节

勐海晒青毛茶的加工

晒青茶也称滇青茶，系选用云南大叶种茶树鲜叶经杀青、揉捻、太阳光晒干等独特工艺加工而成的茶品。据文字记载，勐海生产晒青茶的历史已有1000多年，但是由于生产工艺技术的限制，特别是分散加工（农户、初制所、手工作坊等）模式，至使部分产品外形枯黄、香气不正、汤色浑浊、滋味不醇，不能体现出勐海大叶种晒青茶特有的“浓酽醇爽、香韵独特”的品质特征，严重影响勐海大叶种晒青茶和勐海普洱茶的销售市场。

一、勐海大叶种茶树品种特性

勐海大叶种茶树（普洱茶种）鲜叶芽叶肥壮、叶形大、质软、茸毛密长、节间长、含水量高、嫩茎粗、持嫩性强，其茶多酚、咖啡碱等有机物含量高于一般中、小叶种茶树鲜叶，是适制云南普洱茶的最佳原料。

二、优质勐海大叶晒青毛茶品质特征

外形条索肥硕或肥壮、完整，色泽墨绿油润，内质香气高纯，滋味醇厚甘爽，汤色金黄明亮，叶底肥厚、黄绿匀亮。

三、加工技术要点

1.鲜叶

系选用优质云南大叶种茶树鲜叶为原料，主要采摘新梢部一芽二叶、三叶为主体的鲜叶及相同嫩度的单片叶、对夹叶为好。要求鲜叶不带斑马蹄、鱼叶、鳞片和其他夹杂物，且无劣变发红、无病虫害、无污染、无机械损伤的鲜叶。

2.摊青

鲜叶采收后进行适度摊晾，摊青宜自然摊放，厚度10～15cm，使青草气散发，芳香物增加，无表面水附着，鲜叶减重率达10%左右时即可及时进行杀青。

3.杀青

杀青是生产云南大叶种晒青茶的关键工序，采用平锅手工杀青和滚筒杀青机均可。杀青主要掌握“杀匀杀熟”原则，做到多透少闷，闷抖结合，使茶叶失水均匀；杀青程度控制杀青叶含水量为50%～55%，杀青太嫩会产生较重的青涩味和增加红梗红叶；杀青太重将导致焦味、焦片的增加，同时，叶色会出现“死绿色”，不利于云南大叶种晒青茶适量酶活性的保存。因此，掌握恰当的杀青程度对云南大叶种晒青茶的外形和经济效益起着至关重要的作用。杀青适度要求清香显

露，色泽由鲜绿变为深绿，手握茶汁微露粘手，嫩茎折而不断，无焦边和红梗红叶。

4.揉捻

揉捻可用顺时针或逆时针揉捻法和揉捻机揉捻法，即杀青后原料要进行适度摊凉，摊叶厚度为3～5cm，摊凉5～10min，促使水分重新分布均匀和降低叶温，避免揉时出现芽叶断碎和叶色枯黄。揉捻过程宜掌握以轻揉为主，中揉为辅，把握好“轻—中—轻”的原则，揉时5～10min为好，以掌握揉捻叶表面有少量茶汁渗出，手捏成团，并有黏手感为度，要求茶叶成条率在60%～75%为宜。尽量保持芽叶的完整性，避免茶汁过多把茸毛覆盖住，若揉捻太重，成品的色泽偏暗、欠油润，芽叶不完整；若揉捻太轻，成品香气低，滋味淡薄，汤色清淡，浸泡时水浸出物溢出缓慢。

5.干燥

原则上要求用日光晒干。采取二次干燥的方法，用竹制簸箕或大块正方形竹席，茶叶揉好后，即时进行摊晒（俗称薄晒），摊叶厚度1～2cm，待干至六成干时（手握有刺手感，茎软、折而不断），即时归拢再晒（俗称厚晒），摊叶厚度5～8cm，干至茶叶含水量12%时及时收存（手搓茶条断碎，叶片成碎末，茎为碎粒状）。

6.贮存和运输

按茶叶保存要求和卫生要求进行贮存和运输。仓库必须通风、干燥、清洁、无异味、避光；有防虫、防鼠设施；运输工具应清洁干燥、无异味，并有防雨、防晒设施。

四、勐海晒青茶加工应注意的几个事项

（1）加工高档晒青茶应避开下雨天采摘，鲜叶是制茶的基础，雨天所采鲜叶制成的晒青茶与非雨水叶所制的晒青茶质量存在差异。在同样的加工与保存环境下，雨水叶所制晒青茶滋味淡薄乏力、醇爽度低。

（2）加工中、高档云南晒青茶最好在天气晴朗的日子进行，若阳光强度不够，晒制时间就需要延长，随着晒制时间的延长，干茶滋味会渐渐变得钝滞。若天气好，阳光强度够，晒青茶可以在一天时间内就晒至八成干或全干，干茶滋味就会醇爽；如中、高档鲜叶揉捻后不能及时进行阳光晒制，干茶滋味随湿坯时间的延长会带有不同程度的酸味，严

重时会产生酸馊味。

（3）晒青茶的生产中，很容易忽视的是认为晒青茶是在阳光下晒制的，在干度够干后依然在阳光下或散光环境中放置久些没关系，感官审评结果认为足干的晒青茶继续受光，茶叶的香气滋味会渐淡薄，日晒味会越来越冲，严重者会伴有不爽的哈喇味。所以说勐海晒青茶晒制时干度一够就应及时收存于阴凉、干爽、避光、防潮的地方。

（4）晒青茶要获得良好的外形和加快晒青速度，可以在晒至六七成干时，伺机翻动一次，一方面可解散未解团块，把茶条顺带理顺理直，另一方面可以把面上的干茶和底部的湿茶混匀，以保证干燥的匀度，否则为了防止干湿不匀就要增加晒制的时间或者就是毛茶贮藏中干湿不匀会导致局部霉变。

（5）在阴雨天阳光较少天气加工晒青茶时，可以从加工工艺和人工加热干燥两个方面减少阳光不足对晒青茶品质的影响：①加工工艺，如采取鲜叶摊青程度稍重，杀青时注意“杀熟杀透”，尽可能多散失水分，适当地轻揉捻，尽可能薄的晒制等方法。②人工加热，如在有条件时可以在晒茶的竹篾下鼓吹入55℃以下清洁热风，人工加快干燥速度。但应注意鼓入的热风温度，不能形成烘青品质，不能超过60℃，以免影响普洱茶后发酵的进行。

第四节

“勐海味”普洱熟茶加工

一、勐海普洱茶渥堆的实质

渥堆是决定普洱茶品质的关键工序，是一个微生物分泌胞外酶催化和非酶性湿热氧化的缓慢过程。从形成机理上来说，红茶发酵与普洱茶发酵（渥堆）是不一样的。红茶发酵是由茶叶内源酶促作用和偶联氧化聚合作用所形成，而普洱熟茶在鲜叶经过杀青干燥后，茶叶的内源酶活性已被钝化，普洱茶熟茶形成的实质是以云南大叶种晒青毛茶的内含成分为基础，外源水体微生物群、发酵场地微生物群、晒青毛料自带微生物群在一定的湿度温度条件下在茶叶上生长更替。

以微生物的活动为中心的普洱茶渥堆，在渥堆过程中会滋生酵母、黑曲菌、根霉、灰绿曲菌、乳酸菌等主要微生物，其生长并分泌产生的胞外酶进行酶促催化反应，同时，微生物呼吸代谢产生的热量与茶叶中的水分共同产生湿热作用，促进茶叶内含物质的化学变化。在渥堆中，通过微生物、热、微生物自身的物质代谢和酶等共同作用，促进茶叶内含物质发生极为复杂的变化（氧化、降解、分解、转化、聚合、缩合），塑造普洱茶特有的品质风味。

普洱茶的渥堆属于食品加工的固态发酵工艺。广义上讲，固态发

酵是指一类使用不溶性固体基质来培养微生物的工艺过程，既包括将固态悬浮在液体中的深层发酵，也包括在没有或几乎没有游离水的湿固体材料上培养微生物的工艺过程。多数情况下是指在没有或几乎没有自由水存在下，在有一定湿度的水不溶性固态基质中，用一种或多种微生物发酵的一个生物反应过程。狭义上讲，固态发酵是指利用自然底物做碳源及能源，或利用惰性底物做固体支持物，其体系无水或接近于无水的任何发酵过程。固态发酵具有如下优点：①培养基简单且来源广泛。②投资少，能耗低，技术较简单。③产物的产率较高。④基质含水量低，可大大减少生物反应器的体积，不需要废水处理，环境污染较少。⑤发酵过程一般不需要严格的无菌操作。

GB/T 22111—2008《地理标志产品 普洱茶》中对后发酵（包括熟普的渥堆）的定义：云南大叶种晒青茶在特定的环境条件下，经微生物、酶、湿热、氧化等综合作用，其内含物质发生一系列转化，而形成普洱茶（熟茶）独有品质特征的过程。

从目前的研究结果看，渥堆普洱茶品质形成的本质可表述为：以云南大叶种普洱茶原料（晒青）的内含成分为基础，在后发酵过程中微生物代谢产生的酶、热及湿热作用使其内含物质发生氧化、聚合、缩合、分解、降解等一系列反应，从而形成普洱熟茶特有的品质风格。

普洱熟茶品质的形成主要有三个方面的作用：一是微生物作用；二是酶作用；三是湿热作用。

（一）微生物作用

我们所处的环境（土壤、空气、水体）、人体内外（消化道、呼吸道、体表）以及动植物组织都存在大量肉眼看不见的微小生物，这类形体微小、单细胞或结构较为简单的多细胞，甚至没有细胞结构的生物统称为微生物，在农业生产中，微生物可分解有机残体，增加土壤有效养分。微生物与人类及畜禽的健康关系密切，如生活在动物肠道内的微生物，可合成维生素、氨基酸等，提供营养，产生抗生素。从某种意义上说，微生物是普洱茶品质形成的第一功臣，也是第一推动因素。在普洱茶固态发酵过程中，各种微生物间此消彼长，存在着竞争、互生和拮抗等多种生态关系，形成了以茶叶为基质的微生物群落。因为温度和湿度的影响，这一群落中有害微生物滋生被抑制，有益微生物却能大量生长和繁殖，从而使普洱茶品质的形成向有利的方向发展。

1. 普洱茶固态发酵过程中的微生物来源有三个方面：晒青毛茶原有的；固态发酵时空气、添加的水和地面中的微生物；外源添加的有益微生物

（1）晒青毛茶上的微生物：来自于茶树植物的内生菌，或来自鲜叶生长、采摘、加工、运输等环节的环境，包括空气、土壤、运输工具，甚至加工人员都可能携带微生物。

（2）加工环境的微生物：微生物无处不在，加工环境可以说是一个巨大的微生物储藏库，尤其是曲霉、青霉等丝状真菌孢子和芽孢杆菌等在自然界的分布极为广泛，在土壤和空气中大量存在。因此，从普洱茶固态发酵到成品包装储运的各个环节，土

壤、空气、人体表面等处的微生物都可通过不同方式传播给晒青原料，参与普洱茶固态发酵，并在适宜条件下成为优势菌，对普洱茶品质形成起到重要作用。同时，环境微生物还可传播到普洱茶成品中，生长繁殖于普洱茶的包装、储运及陈化过程中。

陈宗道等在重庆模拟普洱茶发酵工艺过程中分离得到黑曲霉、青霉、根霉、灰绿曲霉、酵母等；而周红杰等在昆明普洱茶大生产渥堆过程中，分离鉴定到了黑曲霉、灰绿曲霉、土生曲霉、白曲霉、青霉属、根霉属、酵母属等真菌，其中，土生曲霉、白曲霉等是首次分离得到的真菌种群。陈可可等在云南省生产普洱茶的多个地区随机采样，发现不同地区发酵过程中的普洱茶样都具有不同类型的真菌种群：从勐腊县易武镇的普洱熟茶堆中分离得到温特曲霉烟色变种、帚状曲霉，具黄曲霉和日本曲霉变种；从景洪市基诺山的普洱熟茶堆中分离得到帚状曲霉、具黄曲霉、臭曲霉、日本曲霉变种和局限灰曲霉；从普洱县普洱熟茶堆中分离得到温特曲霉烟色变种、臭曲霉和局限灰曲霉；从昆明试验普洱熟茶堆中分离得到埃及曲霉。刘勤晋分析认为由于普洱茶发酵过程中的真菌来源于周围环境，故重庆和云南普洱茶在发酵过程中出现的真菌种群存在一定的差异，即使是在云南省的不同地区，普洱茶渥堆过程中出现的真菌种群也存在较大的差异。因此，不同地区、不同来源原料的普洱茶后发酵过程中真菌的种类及种群结构可能会有所不同，可能也正是由于真菌种群的不同造就了云南普洱茶不同的风味品质。形成不同地区普洱熟茶渥堆过程中真菌种群差异性的直接原因可能是原料产地和后发酵所在地区的微生物具有多样性。

（3）人工添加的微生物：即人为添加微生物以加快普洱茶的发酵过程，以希望提高普洱茶品质。如添加酵母菌、黑曲霉等。

在普洱茶固态发酵过程中，真菌和细菌的协同作用造就了普洱熟茶，真菌类主要有酵母属、根毛霉属、嗜热真菌属、德巴利酵母属和青霉属等，细菌主要有片球菌属、芽孢杆菌属、短状杆菌属、欧文氏菌属、特布尔西菌属和乳杆菌属等。在普洱茶的固态发酵过程中，微生物的菌种变化是极其复杂的。有的微生物自始至终对普洱茶品质形成发挥着积极的作用，有的微生物是在加工的某一阶段发挥着形成普洱茶独特风味的作用。

2.普洱茶渥堆中的有益优势菌真菌

周红杰等（2003）在普洱茶固态发酵大生产过程中发现各类真菌总数为黑曲霉＞酵母菌＞米曲霉＞根霉＞灰绿曲霉。黄振兴等（2008）研究发现在普洱茶发酵过程中黑曲霉＞酵母＞青霉＞米曲霉＞根霉，并且发现青霉和米曲霉降低茶多酚作用最为明显。真菌在普洱茶渥堆过程中的作用主要有两方面。

一是真菌参与普洱茶品质成分的转化：一般认为真菌参与了茶多酚的氧化、降解与聚合等过程，大量茶多酚都转化成了普洱熟茶特有的品质成分，如没食子酸、茶黄素、茶红素和茶褐素等。谢美华等以茶多酚为唯一碳源作培养基培养酵母、黑曲霉、根霉、毛霉、青霉等真菌，结果表明，酵母等真菌不仅能正常生长，而且培养过程中单糖、多糖和寡糖含量还有不同程度的增加。由此推测，普洱茶渥堆过程中，茶多酚可能存在其他降解途径，即在真菌作用下，茶多酚有可能转化为单糖、多糖和寡糖等有利于改善普洱茶滋味的品质成分。普洱茶发酵过程中咖啡碱含量呈增加趋势，王腾飞等研究认为，真菌具有改变咖啡碱存在形态的能力，导致普洱茶中游离咖啡碱减少，结合态咖啡碱含量增加；Wang XG等以单菌株发酵茶叶的试验，提出茶叶碱是咖啡碱的前体物质，提出黑曲霉等真菌具有将茶叶碱转化为咖啡碱的能力，黑曲霉的参与可能是普洱茶发酵过程中咖啡碱含量增加的原因之一。真菌通过分泌胞外酶参与普洱茶中蛋白质、氨基酸及碳水化合物等的分解、降解，以及各产物之间的聚合、缩合等一系列反应过程，促进普洱茶品质成分的转化与形成，常见的胞外酶主要有黑曲霉分泌的多酚氧化酶、糖苷酶、果胶酶、葡萄糖淀粉酶、纤维素酶、柚苷酶、乳酸酶，青霉分泌的葡萄糖氧化酶等，根霉分泌的淀粉酶、果胶酶，酵母菌分泌的淀粉酶、蛋白酶、果胶酶等。单宁酶能将单宁水解产生有机酸，进一步酯化形成具有芳香味的物质；纤维素酶、果胶酶能将普洱茶中的纤维素、果胶等多糖降解，形成小分子的可溶性糖。在胞外酶的作用下，生茶中的鲜、甜、酸、涩、苦等呈味物质含量降低，逐渐形成熟茶甘醇浓厚的品质特点。

二是真菌代谢引入非茶类新物质：普洱茶渥堆过程中，真菌的生长代谢不仅能促进茶叶成分的转化，还能引入其他非茶类新物质即真菌特有

的代谢产物。一方面真菌代谢产物是构成普洱茶的重要品质成分，如1,2-二甲氧基-4-甲基苯是普洱茶中一种具有典型霉味和陈香的物质，经Gong Z等研究，结果表明，它是黑曲霉生长过程中特有的代谢产物；另一方面，真菌代谢产物是普洱茶保健成分的重要组分，如洛伐他汀可以由塔宾曲霉、温特曲霉、烟曲霉、黄青霉、棘孢木霉和桔绿木霉等代谢产生，仅存在于普洱熟茶中。此外，普洱茶中可能还含有其他由真菌代谢产生的非茶类物质，有待进一步开展研究，研究结果对于提升普洱茶品质与深入评估普洱茶的安全性、保健功能等均具有重要意义。

普洱茶渥堆中真菌存在的特点：数量随加工进程而改变，在渥堆初期，以黑曲霉和根霉为主；酵母菌在渥堆开始几天数量甚少，到渥堆中期（“一翻”至“二翻”），大量生长繁殖，这是因为霉菌能利用多糖作碳源，代谢产生大量的双糖和单糖，可为酵母的生长提供充分的营养。同时，酵母菌和霉菌的大量繁殖抑制了细菌的生长；黑曲霉是普洱茶渥堆过程中的主要优势菌，在一翻时数量达到最大值。

（1）黑曲霉对普洱茶品质的作用

黑曲霉属于真菌这一大类，是世界公认的安全可食用菌。黑曲霉是普洱茶固态发酵过程中必不可少的优势真菌之一。研究发现，在发酵过程中，其数量总体上是波动下降的。在发酵的前期和中期，黑曲霉生长繁殖较快，在真菌总体中占比较大；在发酵后期，茶堆中温度较高，曲霉属真菌占比减少。所以，在普洱茶发酵的前、中期，黑曲霉对普洱茶的品质成分转化和特点形成具有极其关键的意义。

黑曲霉靠产生酶对普洱茶品质转化发生作用。葡萄糖淀粉酶催化茶叶中的多糖转化为单糖，纤维素酶催化天然纤维素降解为葡萄糖，果胶酶催化不溶性果胶转化为可溶性水化果胶，这三种作用最终导致形成了普洱茶“陈香”与“陈韵”的基调。

黑曲霉能分泌酸性蛋白酶、糖苷酶、葡萄糖淀粉酶和乳酸酶等丰富的胞外酶类，使茶叶内含物更易渗出，从而实现大分子物质小分子化，促使普洱熟茶汤色由绿黄明亮转变为红褐。经过一部分茶多酚和咖啡碱产生氧化、聚合反应，使渥堆茶失去了茶样的部分苦味和发酵过程中产生的酸、涩味，产生甜醇回甘的口感。产生的低沸点物质，如甲氧基苯类，是构成普洱茶“陈香”等特征性香气重要成分。

黑曲霉能够分泌单宁酶，其作用为水解单宁类等大分子物质，而产生没食子酸等小分子物质。研究发现，没食子酸具有多种生物学活性功能和药用功能，具有抗氧化、抗突变、抗菌抗病、抗肿瘤、抗自由基的作用，因此，黑曲霉能够显著地提高普洱茶的保健功能

（2）酵母菌对普洱茶品质的作用

酵母菌属于真菌，具有广泛的用途，除了酿造啤酒、酒精及其他饮料，又可醒发面粉制面包。酵母菌菌体含有丰富的维生素、蛋白质、多种酶等，可作食用、药用和饲料酵母，又可提取核酸、麦角甾醇、谷胱甘肽、维生素C和凝血质等作为医药和化工的重要原料。

在普洱茶大生产过程中，酵母菌能分泌酶类作用于茶叶基质，如淀粉酶、蛋白酶等，对普洱茶品质的形成有积极作用。酵母菌产生酶能催化普洱茶中的茶多酚、蛋白质等大分子物质转化为小分子物质，赋予普洱茶独特的红褐汤色和特殊的陈香味，并对普洱茶醇和品质有显著影响。

（3）根霉对普洱茶品质的作用

根霉具有许多优良特性，其中糖化力强的根霉可用于葡萄糖制造和酿酒工业。中国小曲酒的酿制就大多使用根霉，黄酒的酿制也部分使用根霉，即所谓的小曲酿酒法。使用纯种根霉、中草药和甜酒曲母混合制造甜酒曲，既能保持甜酒的传统风味，又有利于控制甜酒生产中的酸度和温度，防止酸败和产生异味，提高产品的糖度。

在普洱茶发酵过程的各个阶段，根霉菌都可能出现，且对环境的适应性很强，生长迅速。根霉菌对普洱茶品质的具体作用包括：①根霉菌的淀粉酶活性高，能够产生糖化酶，使淀粉转化为糖，有利于普洱茶甜香品质的形成。②根霉菌产生凝乳酶，能产生有机酸和芳香的酯类物质，对普洱茶甘香品质的形成有很好的作用。③根霉菌形成乳酸，有利于普洱茶黏滑和醇厚品质的形成。

（4）米曲霉菌对普洱茶品质的作用

米曲霉是一类产生复合酶的菌株，较多地发现于发酵食品，能产生淀粉酶、蛋白酶、果胶酶、糖化酶、纤维素酶、植酸酶等用于工业生产。它们还可以产生溶血酶类用于消除动脉及静脉血栓。有些菌系能产生多种有机酸，如柠檬酸、苹果酸、延胡索酸等，米曲霉广泛应用于食品、饲料、生产曲酸、酿酒等发酵工业，并已被安全地应用了1000多年，也是美国FDA公布的40余种安全微生物菌种之一。

散囊菌是曲霉的有性型。散囊菌可能产生纤维素酶等胞外酶催化茶叶化合物的转化，能够改善茶叶的品质，还可增加多种微生物代谢活性产物，丰富茶叶成分，对茶叶品质形成起着重要作用。“发花”的实质是通过控制一定的外界条件，促使微生物优势菌——冠突散囊菌的生长繁殖，产生金黄色的闭囊壳，俗称“金花”。边区消费者历来根据“金花”的质量和数量来判断茯砖茶品质的优劣，把它作为品质特征的标志。勐海在20世纪90年代中期以前生产边销紧茶，紧茶最早为木凳杠杆压制的心脏形，压制后在土烘房烘干较慢，就容易生成“金花”。1965年，紧茶开始改为用丝杆机压制成长方形砖形，紧结的不透气，烘房用锅炉蒸气管道烘干，干燥时间缩短，“金花”难以在紧茶中生长，随着勐海烘房、压茶机的大量改进，20世纪70年代产“金花”的压制茶在勐海渐渐消失。

3.普洱茶渥堆中的有益优势细菌

晒青原料细菌群落以欧文氏菌属为绝对的优势菌属，芽孢杆菌属次之。普洱茶发酵过程中主要的细菌群落为欧文氏菌属、无色杆菌属、芽孢杆菌属、类芽孢杆菌属、鞘氨醇杆菌属、短杆菌属、葡萄球菌属，各类主要菌属可产生多酚氧化酶、过氧化物酶等，将茶多酚氧化为苯醌类物质，苯醌类物质进一步缩合成深红色的多聚体形成普洱茶特殊品质成分。

对普洱熟茶渥堆过程中pH及嗜热细菌的分离和鉴定，发酵初期细菌大量生长代谢产生酸，使渥堆过程中pH下降至4.5～5.5偏酸环境。好氧氧化使堆温升高，渥堆1～2天以后至结束嗜热真菌起主要作用，但在高温与偏酸渥堆中有多种嗜热细菌在起作用，包括凝结芽孢杆菌、枯草芽孢杆菌、地衣芽孢杆菌、热嗜淀粉芽孢杆菌、沙氏芽孢杆菌、喜热噬油芽胞杆菌、乳酸片球菌、植物乳杆菌等。嗜热细菌产生的各种酶和乳酸，对普洱茶发酵过程中pII变化及茶叶风味和品质的形成起着重要作用。

（1）乳酸片球菌对普洱茶品质的作用

乳酸片球菌生长温度范围25～45℃，利用葡萄糖产生D型或L型乳酸。在酿酒的窖池中发现有大量的片球菌存在，片球菌属代谢产物利于发酵食品的风味形成，对于普洱茶风味物质的形成及储藏有一定影响。片球菌属种群数量在普洱茶固态发酵中期阶段数量增加较多，片球菌属的发酵，能够迅速降低发酵物的pH，促进高温环境的酸碱度下降，有效降低亚硝酸盐含量，抑制有害菌的生长，从而更好地保障普洱茶发酵后的品饮安全。

（2）欧文氏菌对普洱茶品质的作用

在普洱茶高温发酵阶段中，欧文氏菌数量总体呈减少趋势，至出堆时数量已经变得极少。在Ca^{2+}存在的情况下，欧文氏菌分泌果胶酸（酯）裂解酶分解果胶类物质，使茶叶叶表薄壁细胞组织软化，从而能够在高温发酵的前、中期加速普洱茶的品质转化。欧文氏菌属能够合成脂溶性色素类胡萝卜，利于形成普洱熟茶的红浓汤色。欧文氏菌属具有多种生物学特性与功能，能产生多糖类物质从而调节人体免疫活性，产生具广泛抗肿瘤活性的紫杉醇，具有开发新型功能性普洱茶的前景。

（3）芽孢杆菌属对普洱茶品质的作用

芽孢杆菌属具有耐酸、耐热、耐干燥等特点，其能够产生多种蛋白酶、纤维素酶、高温淀粉酶等，可以水解蛋白质等大分子物质，并利用茶叶中的营养物质产生有机酸。芽孢杆菌属广泛存在土壤、水体、食品、用品、动植物体内和体表自然界，好氧或兼性厌氧，能产生对热、紫外线、电磁辐射和某些化学药品有很强抗性的内生芽孢。多数菌种对动、植物无害，并与其形成良好的共生体系。如凝结芽孢杆菌属嗜热性需氧，兼性厌氧，最低生长pH为4.0，最低生长温度为28℃，最高生长温度55～60℃，最适生长温度为45～50℃，能分解糖类生成L型乳酸。芽孢杆菌参与食品发酵的另一个典型代表是纳豆。

（4）乳杆菌对普洱茶品质的作用

在普洱茶固态发酵的初期和后期，乳杆菌属有明显的数量增加趋势，中下层变化尤为明显，出堆时乳杆菌数量明显高于发酵后期。植物乳杆菌生长温度范围为10～53℃，耐酸，最适pH为5.0，在其以下也可以生长，其代谢可产生有机酸，此外还能产生多种酶，如蛋白酶、淀粉酶、脂肪酶等，乳杆菌属在发酵过程中可以利用淀粉酶分解碳水化合物，产生乳酸等有机酸，赋予产品芳香，提高普洱茶的香气及滋味。

乳酸杆菌可以产生抗菌素，营造低pH环境，竞争性地抑制黄曲霉、大肠杆菌、肺炎球菌等有害菌群，防止腐败菌发展，对普洱茶固态发酵中的有害菌种起到一定程度的抑制效果，从而能够有效地提升普洱茶的保存水平。

4.渥堆中微生物群的更替

对普洱茶渥堆过程进行研究，结果表明，普洱茶渥堆过程中黑曲霉生长最为旺盛，其次是青霉、根霉和酵母；低温嗜干的灰绿曲霉在渥堆后期，当茶堆温度下降、水分急剧减少时才能生长和繁殖。

中山大学何国藩等（1988）对广东普洱茶渥堆过程中微生物群落的分析认为：渥堆过程中霉菌最先发展起来，其中以黑曲霉和毛霉为主，中后期则逐渐让位于酵母菌；细菌早期较多，以后逐渐下降，到后期已极少；放线菌早期不显著，后期有所发展。这是各种微生物之间的拮抗作用。由于霉菌能利用各种多糖作为碳源，进行糖代谢，产生大量的双糖和单糖，酵母和霉菌大量繁殖，抑制了细菌的生长。

周红杰在针对普洱茶加工过程中微生物及酶系变化的研究中发现，黑曲霉、青霉、根霉、灰绿曲霉、酵母、土生曲霉、白曲霉、细菌等微生物存在于普洱茶的整个加工过程中，其中黑曲霉最多。在传统工艺普洱茶大生产过程中微生物的数量变化，各菌种之间的关系表现为黑曲霉＞酵母菌＞米曲霉＞根霉＞灰绿曲霉。从开始到“一翻”黑曲霉迅速增加，且增加幅度最大，米曲霉、根霉、酵母也增加，但增加幅度不大，表现为酵母＞灰绿曲霉＞根霉＞米曲霉，没有发现细菌。这与固态发酵开始的环境条件（水分、氧气、温度、湿度以及茶叶的内含成分）有很大的关系。开始时水分、氧气、湿度都充足，但温度升高，较适宜黑曲霉及酵母菌的生长条件，且代谢产生的酶作用于茶叶，引起茶叶内含成分发生复杂的变化，但还没达到其他微生物的最适生长点。“二翻”是一个转折点，开始时黑曲霉数量仍增加，到“二翻”结束时它的增长幅度及数量达到整个固态发酵过程的最高点，之后开始下降，但在数量上明显较其他微生物多，酵母、米曲霉、根霉、灰绿曲霉数量也有所增加，其中，米曲霉、灰绿曲霉达到最高点，米曲霉增加幅度较大，灰绿曲霉的数量高于酵母菌和根霉，灰绿曲霉对普洱茶品质的形成产生消极作用。但是酵母菌数量已开始大幅度增加处于亚优势。这说明水分、湿热条件、黑曲霉对茶叶基质产生的综合作用又为黑曲霉及其他微生物的生长繁殖提供了条件。“三翻”是一个关键点，黑曲霉的数量继续下降，但仍明显高于其他微生物。酵母菌、根霉的数量达到各自在整个发酵过程的最高点，而酵母菌的数量高于根霉。米曲霉和灰绿曲霉的数量极少。此时黑曲霉仍处于优势，酵母菌次之。“四翻”，黑曲霉的数量继续下降，但仍高于其他菌类，酵母菌、根霉也都有所降低，但酵母菌高于根霉、米曲霉、灰绿曲霉，米曲霉、灰绿曲霉都有所增加，但米曲霉高于灰绿曲霉。总之，在普洱茶固态发酵过程中以黑曲霉为主要的优势菌群，其次才是酵母菌类。

5.微生物对发酵堆温度、水分的影响

在发酵过程中，温度对普洱茶风味及品质的形成十分重要，当堆温保持在一定的范围时，加工出的普洱茶具有较好的风味特征。当堆温低于

或高于一定的范围时，加工出的普洱茶的品质及风味不佳，堆温过低，导致一些化学成分氧化降解所需的热量无法达到，导致发酵不足；堆温过高，会导致氧化，同样不利于普洱茶良好风味品质的形成。水分为普洱茶加工过程中的重要介质。普洱茶加工所用的晒青毛茶一般含水量较低，必须增加茶叶含水量才能在后发酵中较好地发挥湿热作用。水分多，物质的扩散转移和相互作用就显著。水分不但是茶叶发酵过程中各种物质变化不可缺少的介质，而且是许多物质变化的直接参与者，它分解而成的原子与基团，是发酵过程中新形成的化合物必不可少的构成部分。研究发现，在水分含量小于15%时，水分亏缺，发酵不足：一些生化变化就会受到影响，生产出的普洱茶色泽泛绿、滋味苦涩、汤色橙红、香气青涩，缺乏好的普洱茶色泽褐红、滋味醇厚、汤色红浓、陈香显著的风味特征；而大于45%时，水分含量过高，又会出现发酵叶腐烂的现象，严重影响普洱茶的汤色与口感，风味不好。因此，水分含量要求适当，一般在30%～40%为宜，但要视原料的老嫩程度，既不能偏少也不能过多，生产出的普洱茶才可能具有较好的风味。

在普洱茶发酵过程中，微生物的代谢会释放大量的热量，使堆温升高，并伴有大量的有机酸产生，导致发酵初期pH明显下降，不仅为霉菌滋生提供良好的酸性环境，也成为霉菌分泌水解酶的“温床”。在如此激烈的代谢生命活动下，必然对普洱茶内含成分的含量变化产生巨大的影响。一方面，普洱茶在发酵过程中会滋生大量的霉菌（主要是黑曲霉），特别是“一翻”后，温度升至40℃以上，为霉菌的生长创造了有利条件，同时，伴随着其他微生物的滋生，促使堆温升高，造成内含物质非酶性自动氧化的湿热条件，加速发酵叶的化学变化。另一方面，霉菌分泌大量的外源水解酶（淀粉水解酶、纤维素酶、果胶酶、葡萄糖苷酶、酸性蛋白酶、脂肪酶等），这些酶催化了一系列复杂的生化反应，产生新的物质，形成了普洱茶别具一格的品质特征：条索肥壮匀整，色泽猪肝色或带灰白色，香气馥郁带陈香，滋味醇厚回甘，汤色红浓明亮。

6.微生物的作用

微生物的发酵作用是普洱熟茶形成的最重要条件，没有微生物就没有普洱茶的品质风格。

微生物除生长释放生物热以外，更重要的是分泌多种酶类，特别是氧化酶类和水解酶类，这对普洱茶品质的形成起到了决定性作用。多酚类物质经过转化后，可以分为残留儿茶素、非水溶性的转化产物（主要是结合蛋白质的不溶性大分子物质）和大量水溶性的氧化产物。可认为普洱茶品质形成的机制是微生物分泌的各种酶的催化反应作用。整个发酵过程可以认为是发生了以多酚类为主体的一系列复杂剧烈的生物转化反应和氧化反应。不溶性物质的增加是导致水浸出物含量下降的直接原因，而茶褐素类物质的大幅度增加则反映了多酚类物质的缩合变化。除了多酚类物质的转化变化，可溶性蛋白质也呈下降的趋势。糖类物质也有变化，特别是水溶性多糖和水溶性寡糖。水溶性寡糖的下降则是微生物的大量生长消耗所致。水溶性多糖的变化也非常显著，“四翻”堆样的多糖含量约为“一翻”的5倍多，这可能是普洱茶具有较好生理功效的一个重要基础。

（二）酶的作用

1.发酵过程中的酶

一些发酵微生物能分泌20种左右的水解酶，如葡萄糖淀粉酶、纤维素

酶和果胶酶等。微生物分泌的纤维素酶、果胶酶等可分解茶叶细胞壁，使茶叶细胞内容物大量释放，有利于茶叶细胞内化学物质的化学转化。在普洱熟茶固态发酵过程中，有益微生物产生的这些胞外酶还可把发酵茶叶中不溶解的有机物分解为可溶性物质，把生物大分子有机物催化成生物可吸收和利用的小分子有机物。被分解的大分子有机物主要包括多糖、脂肪、蛋白质、天然纤维素、半纤维素、果胶和一些其他不溶性的碳水化合物等，分解产物则大多为单糖、寡糖、氨基酸、水化果胶和可溶性碳水化合物等，从而使茶叶内含物质的有效成分易于渗出，为增强普洱茶茶汤滋味提供了前提条件，这也是形成普洱茶甘、滑、醇、厚品质的物质基础。

有益发酵微生物在固态发酵中能产生糖化酶、果胶酶、蛋白酶等，这些酶的适宜温度均在32～40℃之间，pH在4.5～6.0之间。这些酶及其代谢产物有利于普洱茶黏滑和醇厚品质的形成。

一些有益发酵微生物内含一种活力很强的淀粉酶，它能产生有机酸、芳香醇类物质。固态发酵过程有一定数量的这类微生物参与，有利于普洱茶形成甜香的品质，但由于其分泌果胶酶的能力强，发酵过程中这类微生物的大量滋生会造成发酵叶软化甚至腐烂，所以固态发酵过程的每一个阶段都要将这类微生物的数量控制在一定的范围内，且需要控制好中温中湿的发酵条件，才有利于形成品质稳定的普洱茶。

一些有益菌可以产生挥发性或非挥发性的抗生物质抑制发酵杂菌生长，抑制发酵茶杂菌孢子萌发与菌丝生长。

一些竞争能力强的有益微生物，可大量消耗如铁、氮、碳、氧或其他适合杂菌生长的微量元素，可以抑制发酵茶中杂菌的生长、代谢或孢子萌发。因此，有益微生物主要是通过夺取杂菌所需的养分而竞争性地抑制杂菌生长。一些有益微生物在发酵过程中可分泌胞内和胞外两类酶系。发酵微生物产生的胞内酶是其进行体内生理代谢以完成生命活动所必需的具有强大催化功能的生物活性蛋白质。陈宗道（1988）等的研究均提出微生物分泌的胞内酶（多酚氧化酶、抗坏血酸酶、过氧化物酶等）及呼吸发酵产生的热量对普洱茶品质形成起着非常重要的作用。胞外酶是具有重要催化作用的水解酶，一些发酵微生物能分泌20种左右的水解酶，如葡萄糖淀粉酶、纤维素酶和果胶酶等。微生物分泌的纤维素酶、果胶酶等可分解茶叶细胞壁。

2.酶活性与微生物关系

在普洱茶发酵过程中，微生物的变化主要是黑曲霉、青霉属、根霉属、灰绿曲霉、酵母属、土曲霉、白曲霉、细菌。其中，黑曲霉的数量最多，为优势菌种，占微生物总数的70%左右。

黑曲霉是一种常见的真菌，属于半知菌类曲霉属。黑曲霉由于其优异的酶解效果和全世界公认的食用安全性，已被广泛用于果汁、果酒及中药营养液的深加工，使产品的质量与外观得以改善。黑曲霉可以产生许多种酶，现已成为工业应用常见的菌种之一。据统计，25种主要商品酶制剂中就有15种来源于黑曲霉。它们分别是淀粉酶、过氧化氢酶、纤维素酶、半乳糖苷—葡萄糖酶、糖化酶、葡萄糖淀粉酶、葡萄糖氧化酶、葡萄糖苷酶、半纤维素酶、橙皮苷酶、脂肪酶、柚苷酶、果胶酶、蛋白酶、单宁酶等。美国FDA准许使用的食品工业用酶生产菌种只有黑曲霉、酵母、枯草杆菌等20种，其中以黑曲霉所产酶类最多。我国酶制剂工业生产用菌种中，黑曲霉占17种中的3种。研究表明，黑曲霉分泌的葡萄糖淀粉酶在30℃、72h条件下达到最大酶活性；分泌的纤维素酶在50℃、72h条件下达到最大酶活性；分泌的果胶酶在50℃、60h条件下达到最大酶活性。在普洱茶发酵过程中，随着多酚氧化酶、纤维素酶、果胶酶等酶活性的变化，发酵茶中的内含成分碳水化合物、还原糖、粗纤维、水化果胶、全果胶等的含量也呈规律性的变化。

酵母菌是单细胞微生物，能分泌一些酵母菌体外酶，如转化酶等，把大分子物质转化为小分子物质。酵母菌含有丰富的酶系统（如蔗糖酶、麦芽糖酶、乳糖酶、蛋白酶、脂肪酶、磷酸酶、脱羧酶、脱氢酶、烯醇化酶和氧化还原酶等）和生理活性物质（如辅酶I、辅酶A、辅酶Q、细胞色素C、卵磷脂、谷胱甘肽和核糖核酸等）。据赵龙飞等（2005）的研究报道，在普洱茶加工过程中单一接种酵母菌后，多酚类物质变化显著，生产出的普洱茶有独特的陈香，滋味醇和回甘，汤色红浓明亮，叶底棕褐油润。

根霉属于毛霉目毛霉科，是一种丝状真菌。根霉有发达的基内菌丝和气生菌丝，气生菌丝白色、蓬松，如棉絮状。根霉的淀粉酶活力较高，能产生有机酸，如反丁烯二酸、乳酸、琥珀酸等，还能产生芳香酯类物质，是转化甾醇族化合物的重要菌类，由于分泌果胶酶能力强，普洱茶在固态发酵中茶叶软化也与该霉的滋生有一定关系。

通过对普洱茶发酵过程中氧化酶（多酚氧化酶、过氧化物酶、抗坏血酸氧化酶）的活性进行检测，发现在发酵过程中有强烈的多酚氧化酶和抗坏血酸氧化酶的活性。对接种外源优势菌酵母菌发酵普洱茶分别从原料中的9.29U/g和0.377U/g增加到34.2U/g和1.27U/g；发酵20d后，糖化酶活性由原料中的8.23U/mL增加到58.42U/mL；发酵30d后，淀粉酶活性由原料中的164.28U/g 增加到239.19U/g；发酵40d后，果胶酶活性由原料中的0.08U/mL增加到2.8U/mL，过氧化氢酶活性由原料中的5.6U/mL增加到58.9U/mL。

刘勤晋教授（2005）也从普洱茶发酵过程中检测到了多酚氧化酶（PPO）、过氧化物酶（POD）及抗坏血酸氧化物酶，原料分别为0.0193mg/g·min、0.0566mg/g·min和0.0528mg/g·min，发酵10d后分别为0.0906mg/g·min、0.2716mg/g·min和0.0835mg/g·min，发酵40d后分别为

0.0490mg/g·min、0.0487mg/g·min和0.1180mg/g·min，并且认为PPO活性与黑曲霉消长呈高度正相关（r=0.9241）。刘仲华（1991）等从黑茶和普洱茶中分离到一些分泌多酚氧化酶活性的微生物，并且发现，黑砖茶、茯砖茶加工中促进纤维素和果胶物质分解的酶类主要是由酵母菌和霉菌所分泌的纤维素酶和果胶酶。李中皓（2008）等在成品普洱茶中加入过氧化物酶、风味蛋白酶和纤维素酶及复合酶，探讨这些外源酶对成品普洱茶主要成分及其品质的影响，并且进一步对处理后的普洱茶香气成分进行了测定，表明外源酶对普洱茶品质形成有一定的效果。

由此可见，在普洱茶发酵过程中，这些酶的形成也主要是微生物代谢活动的结果，是微生物分泌的胞外酶所致。微生物分泌的多种酶协同作用于茶叶，使茶叶内含成分与酶分子间以及成分与成分间相互接触，特别是PPO酶促作用更为剧烈，从而促进了普洱茶品质特征的形成。

总之，正是由于微生物的大量滋生，产生呼吸热，并分泌多种酶类，从而为茶叶内含成分的氧化、聚合、水解、降解与转化提供了有效的生化动力。

（三）湿热作用

1.水分与渥堆普洱茶品质的关系

水分是微生物生长和各种反应的基础，也是微生物新陈代谢所必需的六类基本营养要素之一，在微生物代谢活动中是不可缺少的。

首先，水是固态发酵过程中各种生物化学变化的必要介质和直接参与者。普洱熟茶中各种有效物质成分的形成都需要水作为物质变化介质，而且水分子分解而成的H^+和OH^-，直接参与形成普洱茶中茶黄素、茶红素等的分子结构。

其次，茶堆中的水分还具有吸氧作用，氧是茶叶固态发酵的必备条件，普洱茶固态发酵初期，茶堆含水量一般在30%以上，具有一定的吸氧作用，从而使固态发酵叶中的氧化作用能够顺利进行。

此外，水也是微生物生命活动不可缺少的物质。加工普洱茶所用的云南大叶种晒青毛茶一般含水量较低，必须加入一定比例的水分才能在微生物固态发酵中较好地发挥湿热作用，但如果水分过多，则会加快物质的扩散转移和相互作用，甚至促使有害菌种大量繁殖，导致发酵叶腐烂、变质，而水分过少，多酚类物质的正常氧化变化途径以及其他一些生化变化就会受到影响，发酵叶的颜色、普洱茶醇厚回甘的品质特点也会受到影响，所以在普洱茶发酵过程中需要保持适当的湿度。

水是许多化学反应的直接参与者。通过潮水使发酵茶叶含水量增加到适当水平，以便在固态发酵中较好地发挥湿热作用。发酵茶叶的湿度增加，化学物质扩散转移速度和相互作用就增大；水分解而成的原子与基团，也是发酵过程中新形成化合物必不可少的构成部分。

发酵茶叶含水量小于20%时，湿度较小，一些生化反应受到影响，会引起发酵不足，生产出的普洱熟茶色泽泛绿，滋味苦涩，汤色橙红，香气青涩，缺乏优良的普洱熟茶色泽褐红、滋味醇厚、汤色红浓、陈香显著的风味特征；而发酵茶叶含水量大于35%时，水分含量过高，会导致发酵叶腐烂，严重影响普洱茶的汤色与口感，品质劣变。

正常情况下，发酵茶叶一般以含水量在25%～35%时，生产出的普洱熟茶才可能具有好品质。

适宜的水分含量和温度其实是为微生物的生长创造了良好的条件，温度、湿度合适时，堆上茶叶微生物往往生长旺盛；含水量少的样品上，基本上无肉眼可见的微生物，如晒青原料。在普洱茶发酵过程中，茶叶初始水分含量对普洱茶品质形成有重要影响，初始水分含量较低（低于30%）或较高（高于55%）对普洱茶品质形成均不利，发酵的茶叶品质达不到普洱茶标准要求。这充分说明普洱茶的发酵是微生物作用、酶促作用以及湿热作用的协调统一，是相互关联、相互作用的。适当含量的水分是促进普洱茶品质形成的重要媒介，它有利于微生物的生长和湿热作用的发生。因此，湿热作用对普洱茶品质的形成有重要的影响。

2.温度与渥堆普洱茶品质的关系

首先，固态发酵产生的热量是物质转化的热化学动力，热能促使发酵茶叶中多种物质发生化学变化。其次，适宜的温度能提高酶的活性，促进发酵茶叶发生一系列生化变化，固态发酵叶中的黑曲霉、酵母菌等真菌，能分泌多酚氧化酶、蛋白酶、纤维素酶、果胶酶和各种糖化酶，加上固态发酵叶中原有的内源残留酶（包括氧化酶类和水解酶类），这些酶是固态发酵茶叶中物质变化的生化动力。另外，一定的堆温能够抑制低温有害杂菌的生长。

通过翻堆，将30～40℃的茶堆外围茶叶转入堆心，又将堆心的茶叶转于堆面。这种温度环境的变化很重要，因为60℃左右是许多酶促反应的适宜温度，而35℃左右是微生物的适宜生长温度。发酵微生物在茶叶中迅速繁殖后，产生的大量酶类，而翻堆至高温的堆心后又可迅速进行生化反应。如此反复多次，最后将茶叶细胞中的酶促底物多次作用完毕，便是发酵结束。

在普洱茶微生物固态发酵过程中，发酵叶的温度一般保持在符合微生物生长的范围内。适宜的温度既能促使发酵叶中产生多种物质的化学变化，还能抑制有害杂菌的生长，更为重要的是，促使有益微生物大量滋生，使微生物分泌的胞外酶数量及其高效的催化活性相应增加，促进发酵茶叶的一系列变化。

堆温控制在一定范围时，可使有益微生物大量繁殖，这有利于普洱熟茶形成较好的陈香品质。当堆温低于或高于一定的范围时，加工出的普洱茶的品质不理想。堆温过低，一些化学成分氧化降解所需热量无法达到，导致发酵不足；堆温过高，会导致茶叶碳化，同样不利于普洱茶良好品质的形成。

由此可见，普洱茶固态发酵的实质是通过微生物活动分泌胞外酶、释放呼吸热以及微生物自身的物质代谢等的相互协同作用。在发酵过程中，微生物分泌的胞外酶是生化动力，微生物热是物化动力，从而使茶叶内含物质发生极为复杂的变化，塑造了普洱茶品质特征。

二、勐海味传统普洱茶渥堆技术

（一）传统普洱茶渥堆技术流程

1.原料来源范围

选用产自《地理标志产品 普洱茶》规定区域的优质晒青原料，在勐海辖区内渥堆、压制的普洱茶。

2.原料要求

优质云南大叶种晒青毛茶。

3.渥堆

渥堆工艺:

毛茶付制→潮水→匀水→翻堆→压水→盖布→通沟→起堆→筛分拣剔

（1）毛茶付制

同一个堆的毛料要求老嫩基本一致，在发酵前进行简单的捞头、割脚、筛分，以保持发酵堆一定的透气性和发酵堆的均匀度。

（2）潮水

毛料加水后的发酵堆第二天必须先翻堆一次，主要是为了使水分分布均匀。用水量要因料、因时、因地灵活掌握适量的潮水量，一般可掌握含水量在30%～40%范围内。如潮水不足，应在“翻水”时补足。“翻水”完成后即进行发酵的起堆：堆高1.0～1.5m，每堆8～10t。压水：起堆后表面压水至湿透1.0～1.5cm。

（3）翻堆

影响普洱茶渥堆的主要因素有堆温、茶叶含水率、供氧等。这个过程中，水的介质作用极其重要，发酵过程中，采取保水措施，在一个翻堆期内堆温开始逐步升高，温度最高可升达60～65℃，氧化加剧，渥堆温度高的时间不能过长，否则茶叶会“炭化”（俗称“烧堆”），茶叶香低、味淡、汤色红暗。另一方面，堆内的水分随着微生物的活动放热，堆心温度比堆外高，堆内水分会往堆表散发，时间一长，堆内的微生物活动下降，堆温下降，堆内的水分往下部沉降，堆下部的氧气较堆表、堆内较少，制约了微生物的生长，堆下方的水分会越沉越多，温度也会越来越低，堆下方的茶叶就会腐烂，表现出滋味会带有沉闷而不愉快的腐味。反之，渥堆温度太低，时间太短，也会使多酚类化合物氧化不足，茶叶香气粗青，滋味苦涩，汤色黄绿，不符合普洱茶的品质要求。控制发酵堆的水分和温度对茶叶的可溶性成分变化起着积极的作用。除了堆温、水分，发酵堆透气渗水力对微生物的更替演化也很重要。翻堆一方面是为了降低堆温；另一方面是使所有堆内的茶叶均匀地受到温度、湿度、氧气、微生物和酶的共同作用，达到均匀自然氧化发酵。

根据茶叶嫩度不同，翻堆间隔5～10d，视渥堆场地、堆温、湿度及渥堆发酵程度来灵活掌渥。翻堆时要打散团块、翻拌均匀，严格控制堆温在40～65℃，堆温低于40℃，达不到

理想的渥堆发酵效果；堆温超过65℃时，会造成茶叶烧心，使制成的茶叶叶底硬化不舒展、味淡、汤色暗，则要及时翻堆。完成发酵需翻堆5～7次，当茶叶色泽红褐、滋味醇和时，即可进行摊晾干燥。

（4）通沟

当茶叶呈现红褐色，茶汤滑口，无强烈苦涩味，汤色红浓具陈香时，即可通沟摊晾。室内透光、通风、通沟：在发酵堆上1m左右间距挖一条可见到发酵地板的空沟，把挖出的茶叶依次翻到最上方，第二次依次把茶叶一挖到底全部翻入旁边的沟。水分含量20%以上每天通一次，水分含量14%～20%，隔3～5d通一次，按顺序通沟，顺序通沟结束后按反方向进行交叉通沟，如此循环往复至含水量至14%以下即可起堆。

（5）起堆

因形成普洱茶的品质特点需要有一个后续陈化的过程，起后续发酵的作用，因此，在起堆装袋时视生产需要可以进行筛分加工，也可以仓储陈化一段时间，以利于普洱茶品质风味的形成。仓储陈化要求把茶叶存放在有专人管理的专用仓库内，不但要求环境避光、清洁无异味，还要求干燥、通风性较好。

（6）筛分拣剔

拣剔：剔出非茶类夹杂物，拣净茶果、茶枝、茶花。根据样茶和客户的不同要求对茶梗进行拣剔。筛孔的配置按茶叶老嫩而决定。根据筛网的配置把普洱茶分筛为正茶1、2、3、4个号头，副茶头子，脚茶两个号头；正茶送拣场待拣，脚茶经再分筛处理后制成碎茶及末茶，头子单独处理，一种是洒水回潮后解散团块，另一种是风选除尘、除杂后单独出售或者压制。

（二）普洱茶品质形成的调控

普洱茶品质形成的主要影响因子

现代的云南普洱茶（散茶）的品质特点为外形色泽棕褐、条索肥壮、滋味浓厚醇和回甘、汤色红褐明亮、陈香显著。这与四川、广西、广东等地的“普洱茶”品质有一定差异。其主要原因是云南普洱茶采用的原料为云南大叶种晒青毛茶以及不同的加工工艺和云南特殊的气候条件，这三者是紧密联系的。

优越的气候条件为普洱茶适制性品种的次生代谢提供了良好的外部条件。另外，在云南普洱茶加工过程中微生物、水分、温度、氧气及光照等条件都对普洱茶的品质形成产生重要的影响。

（1）气候条件对普洱茶品质形成的影响

云南地处中国的西南边疆，其地理特点是纬度低（21°9′～29°15′N），海拔差异大（最低海拔76.4m，最高海拔6663.6m），而且南北海拔差异与纬度高低一致，加剧了南北地表热量的差异。从温度因素来讲，云南几乎具有全国从南到北的气候类型，有终年无霜的低热河谷区，也有常年处于低温的高寒山区。由于海拔差异大，造成不同地区温度差异很大，即使在同一县，不同乡村温度差异也很大，有所谓“十里不同天”的气候特点。但同时由于纬度低，全年不同季节日照时数变化较大；而且南北纬度跨度不大，在云南全省范围内，南北日照时数差异不大。众所周知，地理纬度不同伴随日照、气温和降水量等气候条件的变化，对茶叶化学成分特别是次生代谢产物有明显影响。根据国内外的研究报道，光照直接影响儿茶素的总量或多酚类混合体的组成。凡是在光照强度和日照量大的条件下，茶叶中儿茶素含量明显增加，其中，酯型儿茶素特别显著。另外，光照强度和日照量也显著影响茶叶组织中氨基酸的含量，茶氨酸含量的变化更显著。因此，要形成云南普洱茶特有的品质特色，是离不开云南（特别是普洱茶产区）这一优越的自然条件的。

（2）微生物对普洱茶品质形成的影响

云南普洱茶品质形成的关键环节是“固态发酵（渥堆）”，在这一工序中微生物发挥了重要作用。整个“固态发酵”过程中主要发生了以多酚类为主体的一系列复杂剧烈的生物转化反应和氧化反应，生物转化反应是以微生物分泌的胞外酶进行的酶促催化反应为主。但需要注意的是，这些微生物并不只是茶叶本身所带有的，而主要是加工环境中的微生物自然接种到固态发酵茶叶上的。

（3）水分对普洱茶品质形成的影响

除微生物作用外，水分在普洱茶加工过程中也有重要作用。普洱茶加工所用的晒青毛茶一般含水量在9%～12%，必须增加茶叶含水量才能在“固态发酵”中较好地发挥湿热作用。水分多，成分的扩散转移和相互作用就显著，同时，水分也是化学反应的溶剂和微生物繁殖的必要条件。尤其是营造一种湿度条件，有利于有益微生物生长，进而形成良好的普洱茶品质成分。发酵叶需要有足够的含水量，发酵环境也需保持有足够高的相对湿度，发酵才能取得良好的效果。多酚类物质氧化后的水溶性产物，才能有较多地形成与保留。在水热作用下，会促使茶黄素和茶红素含量减少，茶褐素含量增加。同时，一部分大分子的糖类物质，又能进一步热裂解成单糖，因而单糖含量又趋增加。就品质而言，它们不仅是滋味的呈味物质，还能给茶汤带以甜醇。

（4）温度对普洱茶品质形成的影响

温度对普洱茶品质的影响主要在于两个方面：一是对“固态发酵”的影响，二是贮藏过程中对普洱茶品质的影响。在普洱茶“固态发酵”中，一般茶叶的温度保持在40～60℃。在此温度范围内，微生物大量滋生，微生物分泌酶的活性也得到了加强，并保持高效的催化活性。因而反应速度快，化学成分变化剧烈。另外，普洱茶需要一定时期合理的陈化处理，以进一步提高品质。因此，创造一个适宜的贮藏环境非常关键。其中，温度和湿度的控制最重要。

（5）氧气对普洱茶品质形成的影响

氧气在空气中的含量约为20%。在空气中游离态存在的氧气，大部分是分子态氧气，其自身的反应性是不强的，但氧气一旦与其他物质相结合，氧化作用即可发生。茶叶中的多酚类物质、醛类、酮类、类脂、维生素C等物质都能进行自动氧化。 实验表明，在真空条件下，尽管有多酚氧化酶存在，温湿度也都适宜，但没有氧气，发酵作用也不能进行。这说明氧气在普洱茶发酵过程中是不可缺少的。因此，在发酵过程中保持新鲜空气流通是十分必要的。

（6）光线对普洱茶品质形成的影响

普洱茶与其他茶类相比，最突出的工艺特点就是晒青毛茶的晒干和“固态发酵”。新鲜的原料经过杀青、揉捻后即进行晒干。但为什么要用晒干，而不是烘干或炒干，目前还没有系统的研究。众所周知，光线能够促进植物色素或酯类等物质氧化，特别是受光的照射而褪色，其中紫外线比可见光的影响更大。长时间的光照主要引起茶叶化学物的光氧化反应，如叶绿素可变成脱镁叶绿素。但脱去的镁有何作用，是否参与其他化学催化反应，以及脂类物质的氧化是否参与普洱茶香气成分的形成等等，还有待进一步研究。

总之，普洱茶品质的形成离不开上述因子。在这些因子的影响下，以晒青毛茶的内含成分为基质，在微生物分泌酶及其呼吸代谢产生的热量和茶叶水分的湿热作用的协同下，可形成普洱茶特有的色、香、味品质特征。

（三）普洱茶渥堆新工艺

传统的普洱茶渥堆是3～10t以上的毛料在发酵车间的地板上进行，渥堆过程在茶堆上覆盖干净卫生的编织物进行保温保湿。现在出现了以下几种渥堆方法:

一是小堆发酵，顾名思义就是数量少，有的少到几千克，就像红茶发酵一样进行渥堆。这种发酵的问题是数量少，微生物活动产生的热量及分泌物不足，茶叶转化不足，口感不新鲜而显滞。

二是离地发酵，包括竹筐、木板发酵。发酵的数量较少，后期容易滋生杂菌。口感较差。

三是控菌普洱茶“固态发酵”技术，目前有一些机械化的生产流水线和设备，但都还停留在试生产阶段。

1.准备

发酵之前的3d，首先对进行发酵的发酵室进行清洗。并用紫外线消毒24h，控制发酵室温度20～30℃，空气湿度80%以上。

2.加菌

潮水后向含水量为30%～40%的晒青毛茶原料中加入重量百分比为0.05%～0.1%的普洱茶发酵剂，以后每次翻堆之前都要添加发酵剂。

3.翻堆

根据温度的变化进行翻堆，并对水分进行控制，翻堆的依据是底层温度达到50～55℃，共翻4～6次。每次翻堆时取样测定水分，当水分含量低于30%时，补充水分含量到33%～35%，最后一次翻堆后不补水，开沟堆垛发酵7d，自然干燥3～5d。

4.精制

对干燥完成后的普洱茶原茶通过圆筛、抖筛、飘筛，分清大小、长短、粗细、轻重，去头脚茶，剔除杂质，分级归堆，包装，得到发酵完成的普洱茶成品。

第五节

勐海普洱茶精制

一、勐海熟茶的精制

精制是整饰形状、分清茶叶级别、汰除劣异的分离过程。渥堆好的毛茶必须进一步通过筛分，形成形态、品质互相一致的成品或半成品。茶叶的分级方法有鲜叶分级、捻揉中分级、精制中的分级。

（一）精制的方法

毛茶是长短、轻重、粗细、整碎、老嫩不一的混合体。要把这些不同形体的茶叶与混在茶叶中的茶梗、茶籽及其他非茶类夹杂物分离开来，各类型所采取的方法如下：

1.分长短

茶叶长短的分隔是采用回转筛分，亦叫平筛。平筛依筛孔配置及复制速度分为分筛、捞筛、走马筛。

2.分粗细

茶叶粗细的分离是用前后往复运动的筛分来进行的。依筛孔配置及复制速度分为抖筛、紧门筛、套筛、吊筛。

3.分轻重

有风力选别机、机动风扇及手摇风扇，此外，还有飘筛及撼盘等。

4.除杂

有阶梯除杂、静电除尘、色选除杂、人工拣剔。

5.分色度

利用不同嫩度茶叶颜色的差异、杂质与茶叶的颜色差异，用色选机进行茶叶分级、色选除杂的过程。

（二）拼配

分工厂拼配及贸易拼配两种。

1.工厂拼配

茶叶制成各档号茶以后，调剂不同级别、不同筛号品质相近的茶叶，对照加工标准样来进行拼配，使茶叶达到商品要求，拼配的目的有二：第一，调剂质量，保证前后出厂的成品茶质量一致。各档号茶叶的拼和总样不可能符合加工标准样的要求，可能高于标准，也可能低于标准，各档号茶的数量比例亦有出入，因此在最后出厂时，必须开汤复评。各段拼和比例对照标准样，上、中、下三段调和均匀。第二，指导工厂生产。通常的拼配过程可以对工厂中的生产情况进行全面的检查，从而对各级原料的分路取料方法以及各个环节中存在的问题都可以作出正确结论，以达到指导工厂生产的目的。

拼配工作在工厂中是由审检科来掌握的，在各级茶制造完时，首先由生产车间将各级各档茶扦样注明数量送审检科，审检科即对照标准样品质开汤审评。按结果分成高于标准、等于标准、低于标准三类。先以高于标准及等于标准的全部样拼出一个总样，然后对照标准样的外形内质，将低于标准的茶叶按质量优次逐步拼入，至全部符合标准样时为止。

2.贸易拼配

为了适应各销区消费者的习惯，发挥茶叶的经济价值，在贸易中常将各地品质不同的茶叶拼配出售。贸易拼配的范围较广，常常将各地、各国所产品质特征不同的茶叶，参照消费者的嗜好互相拼和在一起。如祁红与湖红拼和，可以提高湖红的香气。贸易拼配在拼和之先应了解清楚各地区茶叶的特性及消费者的爱好，然后有目的地进行拼配，使茶叶产生更大的经济效益。

（三）匀堆

匀堆的目的是要使各档号的茶叶拼和均匀。匀堆的方法一般有四种：

1.飏谷式匀堆法

先用茶箱围成长方形的匀茶池，在池的两端各配备一名或两名工人。两端设筐，待拼的茶叶依拼和次序倒入筐中，将筐中的茶叶如飏谷的方式向池中撒入，使茶叶从一端至另一端呈一直线均匀散布在池中。拼堆完毕，撤去围箱，将边上的茶叶拨向堆顶，再将上下层茶叶和匀，进行第二次匀堆。在第二次匀堆中若茶叶数量多时，可分作两个或两个以上的小堆。小堆拼和必须注意第一次装入箱中的各个不同方向的茶叶应分别按一定顺序堆放。然后按小堆数量比例进行分配，以使每个小堆质量能够一致。

2.层叠式匀堆法

将木板围成1.5～2m高的池，池的大小视茶叶多少而定。拼堆入茶的方法有点倒法及条倒法二种，各点或各条的距离应相等，然后用木板匀平，使成为厚薄非常均匀的薄层。各层茶叶依匀堆顺序摊铺。茶叶匀堆完毕即成为一个多层的糕状茶堆，最后用钉耙将茶堆沿垂直方向逐层耙下，耙时要一耙到底，深浅厚薄要均匀，耙下茶叶即可以和匀装箱。

3.反复匀堆法

将做好的各档茶按层叠式法摊铺成为大堆，再从大堆四面耙下另铺四个小堆，待大堆耙完，再从四小堆耙下，复拼成一个大堆。最后装箱出厂。此种拼堆相当均匀。

匀堆时各档茶的匀堆没有固定次序，有的以中档拼于底层，再将上、下各档互相交替拼入，从理论上讲应掌握“粗茶在先，细茶在后，轻茶在先，重茶在后”的原则。因为在粗茶与粗茶之间有较大的空隙，细小的茶叶会从间隙落下，若以细茶拼于底层，则均匀地分布细茶是很困难的。另外，轻质茶与重质茶混在一起常受浮力作用的支配，轻的上浮，重的下沉，故轻茶应放在下面，重茶放在上面匀堆才能均匀。

4.匀堆装箱生产线

贸易拼配常使用，工艺流程：复火→匀堆→卸料→匀茶→称量→装箱。

（1）匀堆装箱生产线工艺流程

为了提高茶叶品质，改变茶叶组成的单一性，提高经济效益，茶叶加工厂常常将多种茶叶按一定的比例进行均匀混合，根据技术要求的色、香、味、形制定的花色、批唛，将几十种不同产地、不同等级、不同品种、不同数量的茶叶按比例均匀混合，其比率有的高达总量的40%～80%，有的只占总量的4%～5%。混合均匀后再包装出厂。采用微机连续拼配系统，实现生产过程全封闭、非破坏、无污染、自动化。

（2）生产线各工序的作用

①复火。通常采用链板式烘干机进行茶叶复火，复火温度和茶叶含水率分别由温度传感器和红外水分仪测得，再由单片微机进行处理和控制。

②匀堆。采用行车式匀堆机，各种品种的茶叶通过电磁振动给料机和平面输送带输送到相应的储茶斗中，其运行可定位，设置料空、料满报警。依茶叶的批唛、等级采用2～10个斗进行拼配。一种规格的茶叶储存在1个斗中，最多可储存10种规格。

③卸料。10个储茶斗中的茶叶由10台电磁振动给料机卸料，给料机由可控硅电路控制振幅，达到自动定量控制、给料均匀的要求。在每台电磁振动给料机下面配置1套冲量式流量计，用于检测各储茶斗中的茶叶流量。

④匀茶。经流量计中流出的茶叶，由2台振动槽输送到匀茶器再次混匀。拼好的茶叶进入暂存间，经称量、装箱、包装后出厂。

⑤计算机控制装置。整个拼配过程由一台工业控制计算机集中控制和管理。开始工作时，键入待拼配的各种茶叶总质量，计算机计算拼配比例值，并自动控制、检测和适时调整茶叶的流量。在工作过程中连续显示茶叶瞬时流量，累计各种茶叶的总量，并能自动检测各控制设备及检测设备故障，及时报警并自动停机，此外，还具备管理功能，留有通信接口，以便实行全厂现代化管理时联网。

（3）匀堆装箱生产线工作原理

工作时，当根据产品小样确定茶叶的花色、批唛、数量之后，各种茶叶分别送到密封间上部，行车撒茶带自动定位在相应的储茶斗上方，将选中的一种茶叶卸入斗中，当斗中的茶叶堆满后，自动停止卸料，转而输送另一种茶叶。储茶斗中的茶叶一经拼配完，系统立即报，警，并将未工作的行车撒茶带自动定位到该茶斗上方，补充储茶斗的茶叶。

（四）仓储陈化

仓储环境要求清洁、无异味。渥堆结束后是一个缓慢的酯化后熟过程，是形成普洱茶特有陈香风味的过程，其陈香随后期酯化时间的延长而增加，存放时间越长，陈香风味越浓厚，质量越高。根据此特点，需进行干仓储存，但仓内温度不可骤然变化，如温度过高，温差变化太突然，会导致品质下降。

二、普洱生茶的精制

普洱生茶的精制主要在压制前进行，主要包括筛分、风选、拣剔、拼配、匀堆，各工艺要求与普洱熟茶的精制相似而简单。

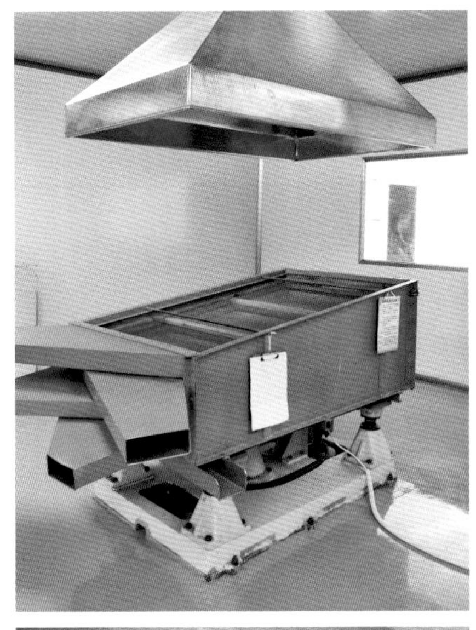
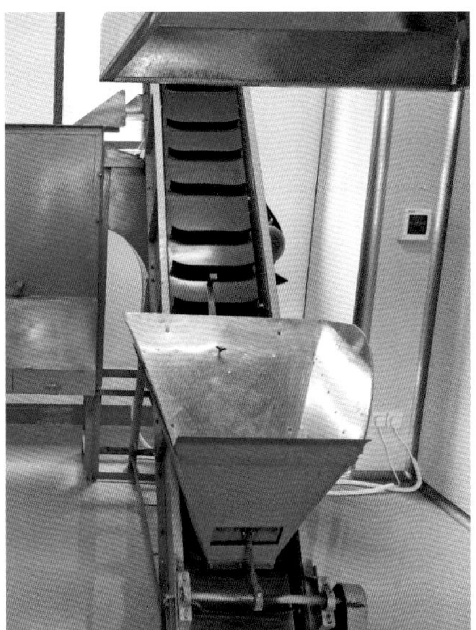
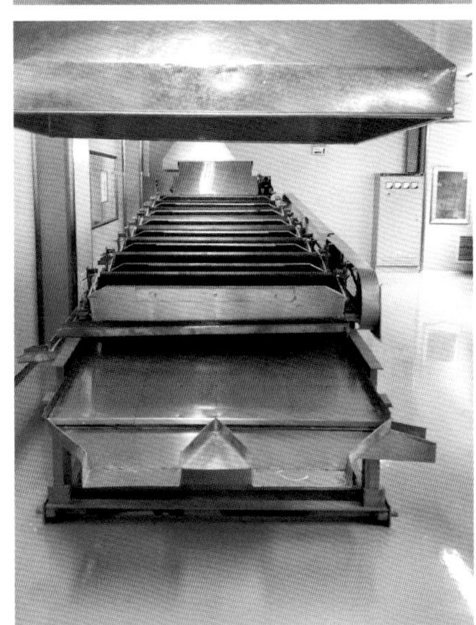

第六节

勐海普洱紧压茶加工

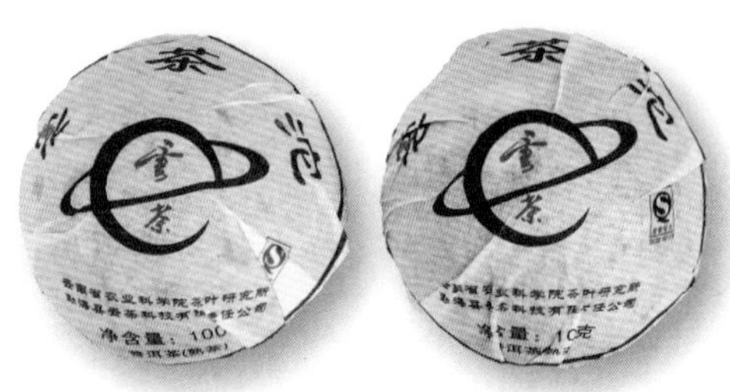

一、加工工艺流程

由云南大叶种晒青茶或普洱散茶经高温蒸压塑形而成，外形端正方形的方茶、圆饼形的七子饼茶、心脏形的紧茶和各种其他特异造形的紧压茶。

工艺流程：原料→拼配成堆→洒水回潮→称茶→蒸茶→压制→退压→干燥→包装→仓贮陈化。

1.原料

云南大叶种晒青茶或普洱散茶，品质正常，其水分含量保持在保质水分标准（12%～15%）以内，并堆放在干燥、无异味、洁净的地方防止茶叶受潮或变质。

2.拼配成堆

对已制好的各种茶胚对照标准样茶进行内质与外形的严格审评，决定适当拼配比例。拼堆时，将审评决定拼入的各筛号茶或各等级原料拼和均匀，使同一拼堆的料品质一致。

3.洒水回潮

洒水回潮目的是促使压制紧结，增进汤色，使滋味回甜；洒水数量多少要因地制宜，视空气湿度大小而定，普洱散茶一般加水至茶叶含水量为20%～25%（普洱生茶的压制不需洒水），洒水拌匀后堆积一个晚上，即可付制。洒水后的原料不能有劣变，即不能产生黑霉、酸馊味等。

4.称茶

称茶是成品单位重量是否合乎标准计量与原料是否浪费的主要关键。应根据拼配原料的水分含量按付制料水分标准与加工损耗率计算称量。

单位成品标准重量×（100－成品标准水分）

称茶重量=（100－付制茶胚水分）×（1－加工损耗率）

生产时，产品的重量允许误差为标准的+1%和－0.5%。

5.蒸茶

蒸茶目的是使茶胚变软便于成形，同时有高温灭菌的作用。蒸茶使茶叶增加了一定水分，客观上促进行了茶叶的后发酵作用。操作时防止蒸得过久或蒸气不透面，蒸气不透面，成品脱面掉边，蒸茶过久，湿热过度，口感有水闷味且干燥。蒸茶适度的表现为蒸气冒出茶面，茶叶变软时即可压制。

6.压制

压制分为手工和机械压制两种，在操作时要掌握压力一致，以免厚薄不均，装模时要注意防止里茶外露。

压制后的茶胚需在茶模内定型冷却，冷却时各茶间保持适当间距，至茶胚表层晾到室温即可退模，退模后茶叶的内部是温热的并有一定柔性，注意摆放平整，防止压制茶形状变形不合规格，压制茶内部的热气散发，表层与内部的水分平衡后，即可进行干燥。

7.干燥

干燥有加温干燥、风干干燥两种。

加温干燥在烘房中进行，控制室温由低至高在40～60℃范围，超过70℃时就会产生表层剥落、龟裂或外干内湿、郁热烧心等现象，成品也会带有火燥感。干燥过程注意除湿换气。

风干干燥主要在勐海的冬春干燥气候下采用，耗时长，需要的场地大，自然风干常要120～190h才能达到标准干度。风干方式常受气候和场地的制约，茶叶干度不足。如空气的湿度超过了65%，或场地早晚有露时密闭不够，多长时间茶叶也不会达到标准干度。可以先风干一两天，再进烘房烘至标准干度。

8.包装

包装前首先是对成品水分、外形、重量进行检查。

茶叶包装作水分检验，保证成品茶含水量在出厂水分标准以内，生茶≤9%，熟茶≤14%。要求外形整齐、端正、压制松紧适度、各部分厚薄均匀、不起层脱面，分撒面、包心的茶，包心不外露。重量误差：500g以上片重正差2.5%，负差1.5%，500g以下片重正差5%，负差1.5%。

传统内包装用棉纸，外包装用笋叶、竹篮，捆扎用麻绳、篾丝。各包装材料要求清洁、无异味，包装要求扎紧，成包的要端正，成件的要紧实牢固，外形包装的大小应与茶身密切贴合，不使松动，捆扎必须牢固，以保证成茶不因搬运而松散、脱面。包装成件后，置于干净、通风、阴凉的仓库内，让其自然陈化。

二、勐海代表性传统普洱紧压茶

紧压茶是我国载入历史文献最早的一种茶类，三国魏（220—265）张揖所著《广雅》记载“荆巴间采叶作饼”。唐宋时代，饼茶是茶叶主要产品。宋代饼茶的制造花色增多，品质也有所提高，制造龙团凤饼，专供皇家饮用，庶民百姓则饮用一般团茶。唐宋时代，紧压茶的原料比散茶的原料嫩得多，制工也精细得多，与近代制造紧压茶所用原料比一般散茶粗老的情况相反。据历史资料记载，宋代片茶每斤（1斤=500g）最高价917钱，而散茶最高价只121钱，相差极大。鉴于制造龙团的工本过大，明太祖朱元璋于洪武二十四年（1391）诏天下产茶之地，不得碾揉大小龙团，此后便采制芽茶进贡。

以茶叶换塞外军马的茶马交易始兴于宋神宗（1068—1085）时

代，元代曾一度中断，到明代又恢复茶马贸易政策。在茶马交易市场上是用散茶换马，因为蕃（今西藏）人不识秤衡，所以在秤斤上经常发生争执。主办此事的官吏为求解决这个问题而采用“篦”为计量单位。明正德十年（1515），规定“每篦装茶三斤”，嘉靖三年（1524）改为“每十斤蒸晒一篦”。这个单位重量一直沿用到清朝。清顺治初（1644）以茶换马的比例是“每茶一篦重十斤。上马给茶十二篦，中马给茶九篦，下马给茶七篦”。现在有些用篓装紧压茶，特别是四川的南路边销茶是由明代的篦装茶演变而来的。至于各种砖形和饼形紧压茶，是古代饼茶、团茶、片茶的继承。当然，现代紧压茶在制造工艺和产品规格质量等方面与古代是完全不同的。

紧压茶产地集中在云南、四川、湖南、湖北等省，紧压茶主销于内蒙古、新疆、宁夏、西藏等边疆兄弟民族地区，所以通常称为“边销茶”。

从消费习惯来看，各民族之间和各地区之间互不相同。譬如内蒙古的牧民爱好饮用青砖茶和黑砖茶，青砖茶占销售总量的90%，其中锡盟和伊盟地区的牧民全部饮用青砖茶，乌盟和巴盟的部分地区、呼和浩特和包头的回族人民则喜欢饮用黑砖茶。新疆的维吾尔族人爱饮茯砖，哈萨克族人爱饮用米砖和红茶。西藏拉萨一带的居民以饮用康砖和紧茶为主，昌都地区的居民则以饮用金尖茶为主。居住在四川甘孜州的藏族人民饮茶习惯与西藏相同，而居住在四川阿坝州的藏族人民则喜欢饮用方包茶和砖茶。云南是一个多民族的省份，各少数民族都饮用云南省所产的紧茶和饼茶。云南和四川的一部分汉族居民爱喝沱茶，山西、甘肃、陕西的部分居民爱喝花砖和湘尖茶，六堡茶是东南亚一带华侨所嗜好的。很多少数民族并不是喝清茶，而是在茶汤中加入其他食品，依爱好和经济条件不同，有的喝酥油茶，有的喝奶茶，有的喝盐茶，有的还在茶中加桂皮、胡椒、丁香等香料，有的加猪油、香油、炒米和炒面等食物，基本上继承着古代加葱、姜、椒、盐的饮茶习惯。

勐海传统紧压茶以圆茶、紧茶为代表。沱茶最早产于下关，当时主要销往四川叙府一带。中华人民共和国成立以后，在重庆、宜宾、乐山、达县压制，以满足四川省居民的需求。两者压制工艺和产品规格是基本相同的，只是所用原料不同。云南沱茶是以滇青大叶茶为原料，四川沱茶是以炒青、烘青、晒青为原料，品质各具不同的特点。勐海从20世纪80年代开始生产沱茶。

（一）圆茶

圆茶分外销、内销、边销三种。外销越南、泰国等地，内销广东省，边销云南丽江、迪庆地区。外销、内销、边销三种茶叶的大小、重量、质量都不同，其中，内销最好，外销次之，边销最差。圆茶多是用优良的春茶和秋茶制成的。其程序：筛分→称茶→蒸茶→装袋揉茶→压紧→干燥→包装。

（1）筛分。中心面茶又称撒尖，是以细嫩、紧结、白毫多、香气高的谷花茶为原料；四周面茶又称面茶，是以春尖细茶为原料；里茶也称心茶，是以春尾茶为原料。上述原料稍作筛分，除去片末、杂质，即可用来蒸制。

（2）称茶。称取中心面茶12%，四周面茶30%，里茶58%。

（3）蒸茶。上述称好的茶叶顺次放入甑内，蒸汽蒸至透过茶面，取下铜甑，用竹片拨动甑内茶叶，最后撒上剩下的春尖茶及谷花茶，放上商标纸，复蒸。蒸后的茶胚含水量约18%。

（4）装袋揉茶。用饼茶的专用布袋从上往下套蒸好的茶甑，迅速180°翻转茶甑，把茶叶连甑带茶扣入布袋，从袋内取出茶甑，提着布袋抖一抖使茶叶落实，垂直提取布袋，从横向收拢布袋，顺布袋从上往下捋，捋至茶高，将布袋折叠，拧成麻花状，再把麻花状布袋团成略扁的纺锤结，手指捏住纺锤结往下按一下，手掌便在茶袋上方揉一下，另一手边旋转茶袋，边按摩袋边的茶叶，旋转至袋中的茶即往袋边充实，纺锤结按将齐袋边，饼中略下陷，即可以压制。

（5）压紧。将袋子平放在压茶板上，压上石鼓，一人站在鼓上回转旋压，便茶叶紧密粘连。压成圆茶直径22cm，饼中厚1cm，饼边厚0.5cm。饼反面中央有一凹圆直径5cm。

（6）干燥。将圆茶取出放在架上晾干或烘干。在过去采用自然干燥法时，成品在晾架上风干所用时间很长，少则5～8d，多则需10d以上。烘房蒸气管道加温干燥，晾茶架下排设蒸气管道，烘房墙壁90cm以下横排蒸气管道，在35℃室温中烘5～6h即可达到标准干度。

（7）包装。干燥好的圆茶，每个外面包白棉纸，7个层叠成一筒用细麻绳捆扎。12筒为一篓，篓口捆扎妥当后，即可运出。

（二）紧茶

紧茶产品多数销售于西藏，称藏销茶，心脏形，上端有一柄。集中在下关、佛海两地制造。1967 年改压成 250g 砖茶，现市场上称“文革砖”。紧茶压制程序：筛分→湿润→称茶与蒸茶→装袋→定型→风干→包装。

（1）筛分。各种毛茶经筛分、拣、簸，除去黄片、灰末、老梗、枯叶后，分成头盖、二盖、里茶三种。用来制造紧茶的原料面茶以二水茶原料为主，春尖为辅，里茶多半是以沱茶筛分出来的粗茶为原料。头盖是用细嫩春尾茶或甲等二水茶、谷花茶制成，质量最好。二盖用丙等二水茶及一般春尾茶制成，条索比头盖松扁细碎，表面色泽稍显油润。里茶系筛分出来的轻质茶以及茶片碎末、茶梗拼配而成。

（2）湿润。在气候干燥的季节，所有头盖、二盖、里茶都必须喷以清水使其湿润。喷水应均匀，至全部润湿为度。头盖茶喷水较多，二盖次之，里茶最少相当于头盖的一半。喷水的目的是在使茶叶湿润，增加茶叶黏性，使茶叶容易互相胶结在一起。但喷水分量应合宜，过多容易霉变，过少茶叶压不紧。潮湿天气茶叶从空气中吸收了大量水分故可以适当减少喷水量或不喷水。喷水工作应在蒸压前一天进行。

（3）称茶与蒸茶。称取头盖茶约46.2g，即占总量的22%，二盖37.8g，即占总量18%。里茶126g，即占总量60%，其中，含茶末12.6g，茶梗2.1g，按照先里茶，次二盖，最后为头盖的顺序放入具有活动甑底的铜甑内，利用蒸气蒸1min。

（4）装袋。待茶叶蒸透后，取出倒入三角形布袋内，用手仔细拌动，使盖面茶均匀分布在表层，再用手把袋口扭紧，同时用膝盖的力量将茶抵在凳缘上，边压边转，最后把袋口扎紧放入模型中压制。

（5）定型。茶叶从模中取出，摆在架上定型。定型时间是在茶叶压好100个后，即可将第一个茶从袋中解出，以后每压好一个即解袋一个。解袋时应按压成先后次序进行。布袋循环使用。压成的紧茶像一半张开的伞形，锥形体最大直径约5cm，垂直高度8cm，柄长4cm。干重210g。

（6）风干。茶叶自袋中取出后，让它堆放在高爽的地方一面晾干，一面发酵。在发酵过程中像茯砖茶一样，目的是使它产生黄色“金花”菌类，故不能用火烘干或太阳晒干。风干时间，干燥天气只需要7d，雨季要长达1个月。对干燥速度及情况应经常注意掌握，太快会与砖茶一样容易龟裂，太慢则会滋生白霉、绿霉，茶团中心霉变腐败。

（7）包装。每7团紧茶为一筒，外用除去细毛的笋壳包裹，再用细蔑丝扎紧放入篓内。每篓可装18筒。

（三）饼茶

原料较为粗老，主要是黄片和沱茶副产—茶末压制而成 饼茶压制过程与圆茶相似，分湿润→称茶→蒸茶→装袋→压紧→定型→干燥→包装八道工序。

（1）湿润。在压制前一日予茶上喷以清水，每担茶加水1.5～2kg。喷水的目的也是在使茶叶易于压紧。潮湿天气不喷水。

（2）称茶。原料分洒尖、头盖、二盖、里茶四种。洒尖和夹盖中，占10%～15%的春茶，其余为夏茶。里茶为春、夏、秋茶拣出的黄片及春茶片末、茶梗。蒸茶前称取洒尖5%，头盖25%，二盖20%，里茶50%，放入铜甑中蒸。

（3）蒸茶。蒸茶温度约90℃，时间15～20s，即可蒸好。

（4）装袋与压紧。把甑取下后，抽出括动甑底，使全部茶叶落入三角形布袋中。经捏制成圆形时候，再放在木板上用20kg左右的铅饼压制。压成的饼茶比圆茶为小，直径只有10cm，中央厚1.5cm，边厚半厘米，反面中央凹圆直径6cm，全重100g。压过的饼茶连袋摊晾在竹架上，每架可摊放饼茶100片。摊满以后，再从第一片起顺次边压边进行解袋。

（5）定型。袋内取出的茶团，以5个或7个叠在一起，放置在木板上定型。

（6）干燥。定型2d后，外面再包以竹笋壳，用篾丝捆扎成为一筒，再放在通风良好的楼上吹干，在潮湿季节要晾置1个月之久，才能达到完全干燥。

（7）包装。现在包装一律采用5饼为一筒，75筒装入一个篾篓中成为一件，每件净重37.5kg。

（四）沱茶

沱茶多为春尖茶及优质夏茶制成。分为筛分→称茶→蒸茶→装袋塑形→压紧→固定解袋→干燥→包装八道工序。

（1）筛分。毛茶进厂以后，通过筛分、风选、拣剔，除去茶内片、灰末、老梗，依品质优次分为四级。细嫩而白毫最多的称“撒尖”，用来撒在压制茶表层中心；细嫩而白毫较少的茶叫 “盖面”，用来包在茶的外围。

（2）称茶。毛茶经筛分分出等级后，再按照面茶及里茶配合比例称取一定重量，放入甑中蒸软，面茶占总量的5%，里茶占95%。

（3）蒸茶。将里茶放入铜甑内，加上盖茶梭边，加放商标，撒上一撮白毫尖，再移在蒸锅上蒸。以蒸气透入茶叶表层为度，如果蒸得太长，颜色黄熟，香气降低。

（4）装袋塑形。蒸毕，将甑从蒸锅上取下，把三角形布袋套在甑

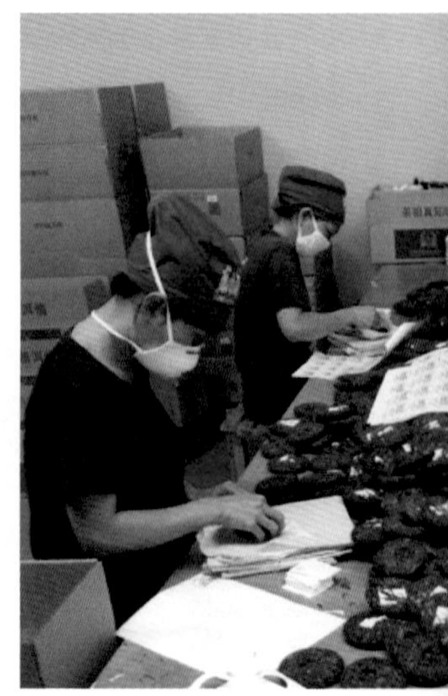

口外，翻转铜甑，茶叶顺次倒入袋中。盖面茶在下，里茶在上，然后把袋口收紧成圆锥形。再由塑形工人左手握紧袋口，袋子放在桡面上，慢慢转动，同时右手掌在袋外轻轻揉捏，使盖面茶均匀地盖在茶团表面，外表面变得光滑美观。这一工作非常重要而且必须要有熟练的技术，否则，盖面茶不能均匀包在茶叶表层。揉捏完毕，把袋口扭转收紧，并捆扎，交压制工序。

（5）压紧。压紧工作是用杠杆压力器压制。首先把装有茶叶的袋子放在碗状的铜模中，用一端为圆球形的短木棒对准袋中心，往下压，即使茶团压成碗形。茶团外圆直径为11.5cm，内圆直径为6cm，从碗口面至顶部高度为6.5cm，凹陷深度为5cm。

（6）固定与解袋。从模中将茶取出，放置在晾茶架上风干。当表层茶叶热气散发，茶形即已固定，再解开布袋，把茶取出。若取出过早，表层会脱落，茶团也会散开。

（7）干燥。以前是将压好的茶团摆在通风良好的晾茶间阴干。时间视气候而定约4～7d，现在采用加温烘干法，干燥时间大为缩短。

（8）包装。每5团沱茶层叠起来，外用笋壳包裹，捆以青篾丝为一筒。再把它放入用竹篾编织成的篓内，篓的四壁垫以笋壳，每篓可装沱茶28筒，上面再垫铺笋壳，篓口用绳索捆紧。

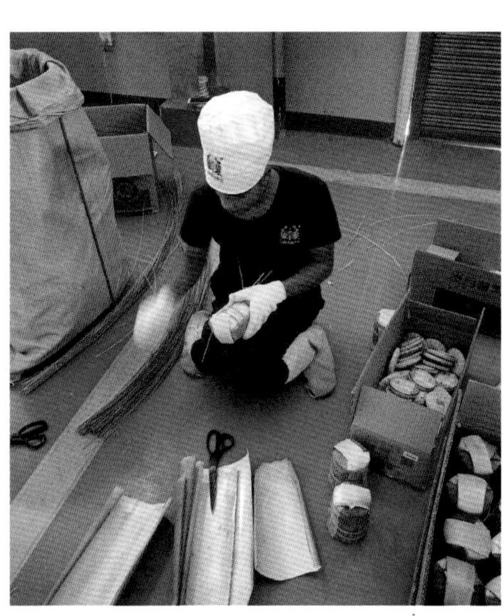

第七节

勐海普洱茶的深加工

一、茶膏加工

普洱茶膏又称速溶普洱茶，最早起源于何时无史料记载。唐宋以来普洱茶就久享盛誉，不仅历史悠久，而且花色品种最多。清·张泓在《滇南新语》中记载：“……普洱茶最粗者熬膏成饼摹印，备馈遗。而岁贡中亦有普洱茶膏，并进蕊珠茶。”早在18世纪，欧洲的茶商就从中国进口一种用普洱茶浸提液浓缩制成的深色茶饼，每块重6～7g，溶化后可供10份早餐用茶，这便是当时的普洱茶膏。其主要是靠手工熬制而成。“每年入贡，民间不易得也。”（清·赵学敏《本草纲目拾遗》1765）

茶膏制作工艺在中国一脉相承，虽然期间经历了明代和民国的数百年断代，但最终还是留下了重要的制作工艺。相应地，随着科学技术的不断提升，茶膏制作工艺也得到了极大的改进，当代的每一种主要制作工艺，实质上都可以看作是古代不同制作工艺的传承。除了在民间和一些实力较弱的生产商身上我们还能看到一些落后的古法工艺，大多数有实力的茶膏生产企业尽管技术不同，但大多已经摒弃了成品品质极低的制作方式，转而使用现代工艺制作品质更高的茶膏。

（一）茶膏加工的基本流程

现代茶膏在制作过程中主要包括以下步骤，即采摘→处理→浸提→净化→浓缩→定型→烘干→包装等。

1.茶膏的采摘及处理

茶膏制作中所使用的茶叶原料可以用鲜叶、生茶、熟茶。原料的采摘、选择和适当拼配很重要。这不仅关系到茶膏的品质、汤色，而且直接影响到生产成本与经济效益。一般多选用7～9级的普洱茶或茶叶副产品作原料。

2.茶膏的浸提

茶膏在浸提时一般以优良质水（如山泉水、纯净水）为介质。浸提过程中要综合考虑茶与水的比例、萃取温度、萃取时间、萃取次数和萃取液品质之间的相互影响。浸提用水量不可太多，否则茶汤浓度太低，不利于后期浓缩加工，能耗也大。萃取的温度要把握好，水温在50℃左右时，浸提的茶水汤色和香气较好；浸提时间10～15min为宜；浸提次数一般为1～2次。

3.茶膏的净化

茶膏的净化是指除去茶叶浸提液中小杂质和沉淀物的过程。浸提液中常会含有少量茶叶碎片及悬浮物，冷却后时常会产生沉淀物，这些物质必须除去。

4.茶膏的浓缩

由于净化后的茶膏浸提液浓度较低，须先浓缩。使固形物含量增加至30%～50%，以利于获得低密度的颗粒状茶膏。浓缩的方法有蒸发浓缩、冷冻浓缩和真空浓缩等几种方法。目前，人们多使用常温蒸发浓缩，但使用真空浓缩方法的人也越来越多。从保证茶膏浸提物的汤色、香气、品质方面而言，冷冻浓缩和真空浓缩是较佳的方法。

5.茶膏的干燥

干燥工序对茶膏的内质、外形及可溶性都非常重要。常用的干燥方法有喷雾干燥、冷冻干燥、真空滚筒干燥和发泡干燥等。喷雾干燥由于具有干燥效率高，茶膏制品的溶解性好、质量小、体积小、成本低，在定型包装中能获得充满度等优点，因而是首选的方法。

6.茶膏的定型

干燥后制出的是茶膏颗粒状半成品，需加以定型。茶膏定型常用的方法有两种，高压定型和常温风干定型，将颗粒茶膏半成品以100：6的配比放到模具中高压定型或常温风干即可。

（二）不同加工工艺技术

1.喷雾干燥工艺

喷雾干燥工艺可以理解为民间土法熬制工艺的改进，为什么这样说呢？这是基于民间土法熬制中有一个持续高温的过程，导致了茶膏芳香物质的过度挥发和活性成分被破坏。而用喷雾干燥工艺制作的茶膏，尽管在茶汤提取工艺上并无高温过程，但在最终的成膏工艺上却是通过现代技术，在高温下快速地将茶汤喷雾中的水分蒸发，得到茶膏晶体。这一干燥方式，为保证茶汤喷雾的快速干燥，其温度会高达160℃左右，同样破坏了茶汤中的芳香物质和活性成分。相对应地，这一工艺和土法熬制一样，所获得的茶膏几乎没有香气，也不存在保存越久越好喝的特点。

2.低温或超低温萃取工艺

这一方式延续和发扬了宋代的工艺思路，利用现代低温技术提取茶汤，再利用常温或低温干燥技术收敛茶膏。宋代工艺的一大特点就是制作过程是在日常温度下进行的，低温萃取工艺更是利用现代技术将温度进一步降低，在一些具有离心作用的尖端设备中将茶叶的有效成分进行分离，从而获得浓缩的茶叶有益物质。但同时这一方式同宋代工艺一样，也存在由于低温导致芳香物质和活性成分不能有效溶解的问题，这一点非常好理解，我们使用冷水泡茶是不会闻到茶香，也品尝不到茶味的。因此，这一技术尽管比宋代工艺更加先进，但同样也不能让茶膏具有较好的香气。只是这一技术毕竟保留了一定的活性成分，在保存时间和陈化口感上还是优于土法熬制的。

3.常温仿生浸提工艺

常温仿生浸提工艺是在清代宫廷制作工艺基础上发展起来的一种茶膏制作工艺。这种方式模仿了清代茶膏制作的气候、温度、环境，在更加繁复、细致的工序下，根据清代以花梨木为炭的思路，把茶汤的提取和浓缩温度控制在常温（40℃左右）。这里所说的常温与宋代工艺中的常温是有所区别的，宋代工艺的常温是指日常温度，而清代工艺的常温是指相对恒定的温度。这一工艺利用了芳香物质和活性成分必须在一定温度下挥发和析出的特性，最大限度地将这些茶叶的原有物质有效溶解到茶汤，再收敛成膏。中间避免了过高的温度造成芳香物质的挥发、活性成分的破坏、过低温度的析出不足，所以制作的茶膏香味十足，陈化后的口感、滋味也更好。

普洱茶膏是普洱茶有益物质高度浓缩形成的精华，所以制作普洱茶膏的目的就在于如何更好地保存和提炼普洱茶的香气、色泽、口感，如果制作的茶膏反而不如普洱茶本身，那么这样的茶膏在品饮价值上就不如普洱茶本身了。现代茶膏制作的3种主要工艺，在符合品饮价值这一要求上，与普洱茶原始价值贴合的是常温仿生浸提工艺。

二、接种发酵普洱茶加工

1.云南省农业科学院茶叶研究所的研究项目

（1）木耳菌茶的制作工艺研究

研究内容及目的：对2010—2011年采集的4种木耳菌株进行活化，

选择在PDA培养基上复壮快的菌株进行人工扩繁，接种在以不同浓度茶汁为主要基质的培养基上，进行驯化。将驯化后的木耳菌株接种在不同的茶培养基上，通过观察木耳菌丝体的生长情况确定最佳生长条件。从感官审评和主要功能性成分检测方面比较分析木耳菌茶与没有经过发酵的原料茶的质量差异，综合评价固态、液态发酵对茶叶质量的影响。

经济意义：以木耳菌茶为菌种，中低档茶为培养基质，分别利用固态、液态发酵技术改善中低档茶感官品质和保健功效，探索出一套新的茶叶深加工工艺。

（2）白参菌发酵茶工艺研究及开发

研究内容及经济技术指标：项目主要以中、低档茶为培养基质，接入食药两用的野生白参菌种，进行固态、液态发酵，改善中、低档茶感官品质和保健功效，探索出一套新的茶叶深加工工艺。

项目利用中、低档茶叶野生白参菌与结合，开发出一种具有独特风味和内涵的新型保健白参菌茶，为茶叶的综合利用和研究拓宽新途径，对促进新型茶饮料发展具有现实的经济意义。

（3）接种真菌微生物加工普洱茶技术示范与推广

研究内容及经济技术指标：通过专利技术“接种真菌微生物加工普洱茶的方法”，即新工艺，其优点：一是大大缩短了普洱茶（熟茶）渥堆发酵时间，由原来的60d左右到现在的34d左右；二是渥堆过程中产生的优势，有益菌种远远多于传统普洱茶（熟茶）工艺；三是新工艺生产出的普洱茶（熟茶）产品的水浸出物含量增加，咖啡碱、水化果胶、茶黄素和茶褐素等物质的含量都有一定量的增加，感官审评上也比传统渥堆发酵的优越，缩短了普洱茶（熟茶）的品质转化时间；四是微生物指标达到红、绿茶同等水平，可改善普洱茶（熟茶）环境卫生安全以及综合提高普洱茶（熟茶）质量和市场竞争力。该专利在技术成果转化的过程中示范生产优质普洱茶382t、实现销售收入1114万元。

经济意义：新工艺因缩短了发酵时间，增加了发酵批次，扩大了产能，从而实现了新增产值。传统的自然发酵按每批发酵55d计，年可发酵6.6批，新工艺按每批发酵较传统自然发酵缩短20d计（即每批发酵

35天），年可发酵10批，产能扩大了36%左右。

通过对人工接种有益菌（绿色木霉、黑曲霉、酿酒酵母菌、少根根霉）进行普洱熟茶固态发酵过程中发酵因子的观察、记录和分析，结合不同发酵茶样的感官审评评分结果，探明在人工接种不同有益菌进行固态发酵生产普洱熟茶过程中，发酵因子的变化规律及其与发酵普洱茶品质的关系，并建立普洱熟茶加工过程中发酵因子与品质关系的回归模型。

在人工接种有益菌种进行普洱熟茶“固态发酵”过程中，发酵叶的温度一般保持在适合微生物生长的范围内，适宜的温度既能促使发酵叶种产生多种物质的化学变化，还能抑制有害杂菌的生长，更为重要的是能促使有益微生物大量滋生，使微生物分泌的胞外酶及其高效的催化活性相应增加，促进发酵叶的系列变化。当堆温保持在一定的范围时，加工出的普洱熟茶具有较好的品质特征；当堆温低于或高于一定的范围时，加工出的普洱熟茶的品质不是很理想。堆温过低，一些化学成分氧化降解所需要的能量无法满足，导致发酵不足；堆温过高，又会导致碳化烧心，同样不利于普洱熟茶良好风味品质的形成。

因此，在人工接种优势微生物进行普洱熟茶固态发酵过程中，有效地控制好发酵温度有利于普洱熟茶良好品质的形成。

三、内含物提取

1.茶多酚及儿茶素的单独提取

国内外有关茶多酚提取的方法有溶剂浸提法、金属离子沉淀法、树脂吸附分离法、超临界流体萃取法、超声波浸提法及微波浸提法等。儿茶素的分离制备方法主要有柱层析法、高速逆流色谱法和制备性高效液相色谱法等。

云南有着丰富的茶树种质资源，且茶叶中的茶多酚含量高，药效活性物质含量更是首屈一指。茶多酚可用来代替目前广泛使用的化学保鲜剂；在日常生活中，可制成普洱茶牙膏等，护理保健功效显著。

2.咖啡因的提取方法

提取咖啡因的方法有很多，但超声波萃取由于快速、价廉、高效等优点，在天然植物和药物活性成分的提取中得到了广泛的应用。在超声提取的基础上，对茶叶进行煮沸处理相比浸泡处理更有利于咖啡因的溶出，可以在很大程度上提高咖啡因的提取率。

作为食品添加剂，咖啡碱主要用于可乐型饮料和含咖啡因的饮料。咖啡因也是配制复方乙酰水杨酸片和氨非咖片等药品的主要原料。含咖啡因量较低的茶可制出具有独特风味和有效营养成分的茶制品，在市场上受到特殊消费者的欢迎。另一方面，提取出的咖啡因可以广泛应用于医药工业或其他行业，同时实现资源的再生利用，满足其越来越紧俏的市场需求。

3.茶氨酸的提取方法

茶树幼嫩组织和成品茶叶中都含有较丰富的茶氨酸，可用碱式碳酸铜沉淀法、离子交换柱层析法、纸层析法、高效液相色谱法、膜分离法提取制备。

茶氨酸作为食品添加剂被广泛应用于饮料、糖果和冰激凌等食品中。中国农业科学院茶叶研究所在国内已率先开展了茶氨酸对改善睡眠的研究，并开发出了茶氨酸片产品。

4.γ-氨基丁酸的提取分离

常规方法即国标法（GB/T 18246—2000）：酸水解法，精确称取样品，精确到0.0001g；2.70%乙醇回流提取法，取（已粉碎或匀浆）试样，水为介质；50℃下搅拌抽提法；活性炭和树脂吸附法。

γ-氨基丁酸在一般的茶树中含量极低，提取制备较困难，因此其终端产品较少，中国农业科学院茶叶研究所已开发出具有良好保健作用的新型食品γ-氨基丁酸茶。目前，已成功研制出GABA普洱生茶，以大叶种云抗10号为样品，其适合GABA茶叶加工质量控制，建立GABA普洱生茶加工工艺，其GABA含量均大于150mg/100g，平均含量为202mg/100g，最高含量达265mg/100g。内含成分测定表明，GABA普洱生茶功能成分、香气成分丰富，滋味醇正回甘。还进行了接种生产GABA的酵母发酵GABA普洱熟茶的研究探索。

5.茶色素的提取方法

根据茶色素的理化性质和组成，茶色素提取制备方法主要有溶剂浸提法、体外氧化制备法2种。为了充分利用我国丰富的特色茶树品种资源，提高茶叶资源利用的综合价值，充实对“紫娟”茶中花青素的研究，通过正交实验分析，得到“紫娟”茶中花青素最佳的醇提工艺条件：70%乙醇溶剂、回流提取30min、回流温度80℃、料液比1∶10。

中国农业科学院茶叶研究所率先开发出以高活性茶黄素为主要功能成分的新型食品茶黄素片，并对产品的有效成分、稳定性、毒理、功能等进行了分析和评价，完全符合相关标准。普洱茶茶色素的药理作用机理并不清楚，新的功效有待挖掘，应用领域需要拓展。云南省农业科学院茶叶研究所培育的“紫娟”是我国紫色茶树种质的典型代表。研究工作者提出制成烘青或炒青绿茶是最佳的加工方式，还开展了大量的化学分析工作，主要报道了富含花青素茶叶的保健功效，例如降血压、降血脂和预防结肠癌等，为其更为合理地开发利用提供了理论依据。

6.茶多糖的提取方法

现茶多糖的提取方法主要有酸提法、碱提法、水提法、微波辅助提取法、酶提法和超声波提取法等。酸提法和碱提法对提取条件要求较高；用稀酸提取，时间宜短，温度不宜过高；用稀碱提取，应在氮气中进行，以防止多糖降解。

茶多糖是用热水提取茶叶中的多糖、咖啡碱、茶多酚等水溶性成分经真空低温浓缩、复配、熬糖、成形。制成的茶糖果，可预防龋齿，还可以抗脱钙、除口臭、预防口腔感染。利用茶多糖抗辐射和调节人体免疫功能的特性，可以开发出抗辐射饮料、口香糖以及各种保健食品。

7.芳香类物质的提取方法

芳香类物质的提取方法主要有减压蒸馏法、同时蒸馏—萃取法、顶空分析法、超临界萃取法、柱吸附法（SPME固相微萃取法，柱吸附—溶剂洗脱法）。

芳香物质中具有清香和新茶香的主要成分为正己醇、异戊醇、反式青叶醇等物质，均可提取出来作为饮料、糕点等食品的天然香料成分。其中，有香甜玫瑰香气的香叶醇、似柠檬油及薰衣草香的芳樟醇和有特殊气味的正辛醇均具有较高的抗菌活性，可防止食品变质，都可以用来开发新型食品添加剂。

8.茶叶皂苷提取工艺

茶皂素的提取目前已经有比较成型的工艺，基本可以分为粗提、除蛋白质、除糖类和脂类、脱色几个主要步骤，后面4个步骤通常合在一起称为纯化或精提。茶皂素粗提方法主要有热水浸提和有机溶剂浸提以及两种方法结合浸提，此外还有微波提取和超声波提取等新方法；茶皂素的纯化方法有醇萃法、重结晶法、醇醚沉淀、树脂吸附法、索氏提取法、超滤膜法等。

茶皂素可应用于建材工业、日化工业、农业、医药等行业。用于建材工业方面的石蜡乳化剂、发泡剂，可大大提高纤维板的防水能力；用于加气混凝土可以提高产品质量；用于日用化工业方面的洗发剂、沐浴露、清洗剂，食品行业的啤酒发泡——稳泡剂，农业上的农药、生长激素、植物发根活化剂，均可有效提高产品的效果；用于养殖业方面的清池剂、饲料添加剂，可起到杀死杂鱼类、保护幼虾、促进畜禽生长的作用。

第七章 勐海味之『最』

01

世界上最早（1960年发现）的树龄达1700多年的巴达野生大茶树和南糯山800多年（1951年发现）的栽培型“古茶树王”。

02

世界上最早种茶、制茶、饮茶的先民之一“濮人”，即今布朗族的先民。布朗山布朗族乡是中国唯一的布朗族乡。

03

世界上面积最大的百年以上的人工栽培型古茶山8万余亩。

04

世界上最古老的少数民族种茶村寨，即1400多年的西定乡章朗布朗族村寨、1360年的布朗山乡老曼峨布朗族村寨。

05

世界最大的人工栽培型连片古茶山，贺开古茶山1.6万亩。

06

全国县域普洱茶种植面积第一大县，总面积达91万亩。

07

最早实施“茶樟间作”生态种茶模式的地区，樟树特殊的芳香既预防了病虫害，又造就了带有“香樟味”的勐海普洱茶。

08

世界上第一个机械加工普洱茶茶厂——创办于1940年的普洱茶工业发展先驱“佛海实验茶厂”（勐海茶厂的前身）。

09

世界上最响亮的普洱茶品牌，被誉为中国普洱茶“第一品牌”的勐海茶厂“大益牌”。

10

全国最早的普洱茶出口基地县，“勐海茶”作为国家文化外交载体，沿着古丝绸之路和海上丝绸之路销往各个饮茶国家。

11

滇藏茶马古道的源头，是前往藏区马帮的最远出发地，部分茶叶还从西藏出口印度和尼泊尔。

12

有世界上最早的普洱茶制作发酵技术，1973年，普洱茶的人工后发酵技术在勐海茶厂试验并获得成功；1975年，研制配方生产的大益7572被誉为评判普洱熟茶的标杆。

13

有世界上最先进的普洱茶制作技艺，2008年6月，“大益茶制作技艺”被列为第二批国家级非物质文化遗产名录；2018年，大益首款高科技发酵熟茶——益元素（A）首次亮相，开启普洱茶发酵技术新纪元。

14

最早成立的最专业、最权威的普洱茶研究机构——1938年创办的“云南省思普区茶业试验场”（云南省农业科学院茶叶研究所的前身）。

15

集聚了最多的著名普洱茶精制茶企，汇集了全国最多的普洱茶科研、制茶的中高级人才队伍，是全国最大的普洱茶研发、生产县。

16

有全球保存最多的茶树基因保存圃，已成为世界上最大的大叶茶树资源圃。

17

有最丰富的少数民族普洱茶文化，勐海的傣族、哈尼族、布朗族、拉祜族、彝族、回族、佤族和景颇族等 8 个世居少数民族，视茶为“上通天神，下接地府”的灵性之物，创造了独特的饮茶习俗。

18

有世界上最好的发酵环境，勐海独特的微生物环境孕育了发酵的优良菌群，不可迁移、不可复制，造就了世间独特的“勐海味”。

19

全国唯一普洱茶产业知名品牌创建示范区，“勐海普洱茶”以669.81亿元的品牌价值位居全国农业区域品牌榜首。

第八章 勐海味之民族茶香

勐海大叶种茶树享受着优越自然环境的滋润和保护，得自然之精华，形成了优良的品质和独特的保健功效，具有一定的消食解毒、消炎杀菌、降脂减肥、抗病防衰、防癌抗癌等功效。这对于历史上长期生活在边疆地区的各民族而言至关重要，茶叶成为各民族适应自然环境，追求健康生活，保证本民族生存和发展的选择之一。

世居勐海的傣族、哈尼族、拉祜族、布朗族等民族，在长期的生产、生活中，种茶、制茶、用茶、卖茶，以茶为食、以茶为饮、以茶为聘、以茶为礼、以茶祭祀、以茶易物，创造了丰富多彩、各具特色的民族茶文化。同时，各民族长期共同生活在勐海这片美丽、富饶的土地上，彼此之间互相交流、互相影响，也形成了一些相同或相近的茶俗。最具代表性的有傣族的“竹筒茶”“烤茶”，哈尼族的“土锅茶”“烤茶”“竹筒茶”，布朗族的“酸茶”“喃咪茶”“青竹茶”“土罐茶”，拉祜族的“烤茶”“竹筒茶”，等等。

第一节

傣族与茶

一、民族概况

傣族是我国西南边疆历史最悠久的民族之一，是古代百越族群的一支。傣族自称傣泐、傣那、傣雅、傣绷等，在汉文史籍中，在公元前2世纪的《史记·大宛列传》中就有傣族先民“滇越”的记载。此后，汉文史籍对傣族的称谓不断演变，东汉时期称为“掸”，魏晋时称为“僚”“鸠僚”等，唐宋时期称为

“金齿”“银齿”“白衣”“茫蛮”等，元明时称为“百夷”“僰夷”等，清代以来则多称作“摆夷”。中华人民共和国成立后，按照本民族的意愿，正式定名为“傣族”。

傣族信仰小乘佛教（南传上座部佛教），每个村寨都建有佛寺，供奉佛祖，并有僧侣守寺。也信仰以“万物有灵”为主要内容的原始宗教，有祭祀神灵的习俗。传统节日主要有“泼水节”“关门节”“开门节”等。“泼水节”为傣族最盛大的傣历新年节，时间为每年的傣历6月中旬（公历4月中旬），主要活动有泼水、赶摆、放高升、划龙舟等。

二、茶叶生产发展史

傣族主要生活在坝区，从事水稻等农业生产活动。所饮用的茶叶主要向其他民族购买或与其他民族进行物物交换。清代以来，有部分地区的傣族开始在海拔较高的坝子周边种植茶树。其中，勐海坝子周边海拔1000多米的丘陵地带，是傣族较早种植茶树的地方，其历史已有300多年。在今曼真、曼拉闷、曼喷龙、曼扫等傣族寨子背后，300年来一直有傣族成片的茶园，直至20世纪80年代，仍然有成片的古茶树。现在，处于坝区城镇附近的傣族茶园绝大部分已改造成为高产优质的无性系良种茶园。无论是古茶山还是现代无性系良种茶园，均给傣族人民带来了较高的收益，是傣族人民幸福生活的一个源泉。

在茶叶加工技术方面，历史上傣族以加工晒青毛茶为主，其加工方法据省茶叶研究所1953—1954年的调查总结，主要有：杀青→揉捻→晒干、杀青→揉捻→渥堆（后发酵）→晒干、杀青→初揉→渥堆（后发酵）→初晒→复揉→晒干三种工序。勐海傣族的晒青毛茶在民国以前主要销往思茅等地再加工成各类普洱紧压茶，民国时期主要销售给本地茶庄进行再加工，也有一部分傣族自办茶庄，自行加工、销售各类普洱紧压茶。如勐海傣族土司刀宗汉（字良臣）1928年创办的掸民茶业合作社（1930年改称新民茶庄），即由当时勐海区的傣族人民以茶叶或现金合股；勐遮傣族土司刀健刚、勐混傣族土司代办刀栋材均在当地开设由当地傣族人民合股的茶庄；也有傣族与其他民族合股开办的茶庄。现在，不少傣族群众引进成套机械设备，用于加工毛茶或各类普洱紧压茶出售，获得了较好的经济效益。

三、特色茶俗

勐海傣族有制作、饮用或销售“竹筒茶”的习俗，也有饮用“烤茶”、吃“茶水泡饭”的习俗。

竹筒茶属于紧压茶类，其加工工序首先是把刚砍下的竹子锯成若干个一端带节的竹筒备用；然后，把采回的茶叶鲜叶在铁锅内翻炒杀青，待茶叶变软、颜色深绿时，倒在竹席上，用手反复揉捻，再把揉捻好的茶叶装入竹筒中，并不断用一根细木棒舂实、压紧；最后，再用青竹叶把竹筒口堵上，在火塘边均匀烘烤15～30min后，剖开竹筒，即成一筒一筒的竹筒茶。另外，竹筒茶还有一种以晒青毛茶为原料的加工方法，即将晒青毛茶分3～5次放入一节新鲜的竹筒中，每次放入茶叶后都要塞好竹筒口，再将竹筒放到炭火上烘烤，鲜竹筒受热后在竹筒内壁溢出又热又香的水气使筒内的晒青毛茶回软、吸香，这时应马上用木棒将竹筒内的茶叶舂实、压紧。这样反复几次后，即可获得一筒香香的竹筒茶。

竹筒茶的品质有优有次。其中，直径为3～5cm的香竹筒茶采用当地特有的香竹，并以勐海大叶种茶树细嫩的一芽二、三叶鲜叶为原料加工而成，品质优异，外形呈棒状，白毫特多，汤色黄绿明亮，滋味鲜爽回甘，并有馥郁的茶香和独特的香竹香，令人陶醉。

竹筒茶贮藏两三年仍保持原有品质不变，若经长年贮藏，可演变形成普洱茶独特的汤色、香气、滋味等品质特征。

勐海傣族也有饮用“烤茶”和吃“茶水泡饭”的习俗。在傣医药中，茶叶也有一定的效用。

第二节

哈尼族与茶

一、民族概况

哈尼族起源于古代游牧于青藏高原东北一带的氐羌族群，与彝族、拉祜族等民族有族属渊源关系。

哈尼族现为云南特有少数民族，有“哈尼”“碧约”“卡多”“雅尼”“豪尼”“白宏”“哦怒”“阿木”等十多个支系，主要分布在红河、普洱、西双版纳、玉溪等州（市）。

哈尼族信仰原始宗教，主要是祖先崇拜和多神崇拜。节日主要有“嘎汤帕”节，也就是哈尼新年节，时间为每年的1月2—4日，节日期间要舂糍粑、杀猪杀鸡祭家神、宴客，并举行打陀螺、荡秋千、跳竹杆及民族歌舞比赛等活动。

二、茶叶生产发展史

勐海境内的哈尼族自古就与茶叶结下了不解之缘，作为“山坡上的民族”，种茶制茶是哈尼族千百年来不变的传统，是赖以为生的技艺，是美丽新农村建设的主要依靠。哈尼族称茶叶为“诺博”，意为

“奉献吉祥之物、祝愿兴旺发达、祈望生机蓬勃”，从哈尼民族文化的深度赋予茶叶高贵、神圣的地位，也表明茶叶在哈尼族生产、生活中占有重要的位置。

哈尼族栽培利用茶树的历史已有1000多年，稍晚于布朗族。从勐海县南糯山的历史来看，当1000多年前哈尼族人从墨江经景洪渡澜沧江到达南糯山时，山上就已有布朗族抛荒的茶园了。哈尼族人对这些茶树历代加以保护、利用，并不断新植、改造，使南糯山茶叶生产不断发展。至清代，南糯山已有茶园1000多公顷，成为普洱茶原料的重要产地之一。这是历代哈尼族人辛勤耕耘的结果，南糯山栽培型古茶树王得以存活800多年并在1951年被世人所发现，也是五十多代哈尼族人加以保护的结果。

另外，在布朗山乡新、老班章及格朗和乡帕沙村，哈尼族人在当地从事茶叶生产已有300年的历史。其中，新班章、老班章共有古茶山391hm^2，有现代生态茶园69hm^2；帕沙村有古茶山200hm^2，有现代生态茶园300多公顷。

在茶叶加工方面，哈尼族自古至今均以手工加工晒青毛茶为主。这些毛茶主要由各茶厂收购，加工成各类普洱紧压茶，运销海内外。勐海哈尼族还有加工竹筒茶的传统，通常是将茶叶鲜叶杀青，揉捻后塞进竹筒内，塞紧后放在火塘边烘烤至焦黄，剖开竹筒即成。现在，哈尼族还自己加工饼茶等紧压茶产品。

三、特色茶俗

哈尼族种茶、制茶、贸茶，日常生活更离不开茶，形成了独具特色的哈尼茶文化。

哈尼族的日常生活过去曾简单概括为“粗饭、浓茶、草烟、土酒”。其中，饮用浓茶的习俗较为普遍，如勐海哈尼族人的“土锅茶”“烤茶”等，都是一种浓醇的茶饮。

“土锅茶”是勐海县格朗和乡南糯山村、苏湖村等地哈尼族人的饮茶法，即将盛有清澈山泉水的土锅置于火塘内三脚铁架上煨煮，待水沸腾后放入新鲜的老茶叶，再经一个多小时不断加水煨煮后，即可倒出饮用；或者是将新鲜的老茶叶在炭火上烤黄后放入土锅中煨煮饮用；也常在沸腾的开水中放入干毛茶煨煮半小时左右即可饮用。

“烤茶”也是哈尼族人的饮茶方式，即将一芽五六叶的老茶叶带枝采下后直接在炭火上烘烤至焦黄，放人备好的土茶罐中，注入开水，再稍煮片刻即可倒出饮用。

哈尼族人还有“竹筒烤茶”的习俗，通常是在野外架起火堆，砍来新鲜的大竹筒和小竹筒，将大竹筒中注入山泉水后放到火堆上烧烤，待竹筒中的水沸后，放入干毛茶，稍煮片刻后，倒入小竹筒茶杯中分送众人饮用。

第三节

拉祜族与茶

一、民族概况

拉祜族源于我国古代氐羌族群，与彝族、哈尼族等民族同源。拉祜族是云南特有的少数民族之一，有“拉祜纳”“拉祜西”“苦聪”等支系。他们主要居住在滇南澜沧江流域的澜沧、孟连、双江、镇沅、勐海等地海拔1000～1800m的山区和半山区。

拉祜意为“火烤虎肉”，历史上，拉祜族被称为“猎虎的民族”，狩猎是拉祜族男子最主要的工作。而在农业生产方面，则主要由妇女承担，以种植稻谷和茶叶为主。

拉祜族信仰万物有灵，崇拜多神。所信神灵有天神、山神、水神、树神及人的魂灵等，有叫魂、唱招魂歌、祭神、送鬼等宗教习俗。在家庭中也供奉有家神的神位。

拉祜族的传统节日主要有“拉祜扩”“火把节”。“拉祜扩”节期与汉族春节相同，即为每年农历正月初一至初三，节日期间要杀年猪、舂糍粑、祭祀、迎祖等。“火把节”为每年的农历六月二十四日举行，家家户户在门前点燃火把，并用火把驱赶邪魔、病魔。然后，青年男女燃起篝火、吹起芦笙、弹起三弦、互对情歌，其乐融融。

二、茶叶生产发展史

明代中期直至清代中期是西双版纳各民族大规模种茶的一个高峰期，保存至今的西双版纳十二座古茶山都是在这段时期种植成形的。拉祜族迁入西双版纳后，受当地傣族土司的管辖。同时，由于受到当时西双版纳的社会环境及其他民族生产、生活方式的影响，拉祜族在接手管理布朗族抛荒茶园的同时，开始有计划、有规模地种植茶叶，以茶为生。茶叶逐渐成为拉祜族重要的经济作物之一，最终也成了拉祜族日常生活的必需品。

勐海县的勐宋和贺开两大古茶山，是拉祜族种茶历史的活见证。

勐宋古茶山位于勐宋乡，包括保塘、纳卡、南本、大安及滑竹梁子等地的古茶山，现存百年以上古茶树总面积达240多公顷，大部分是拉祜族所种植。其中，保塘古茶山总面积约67hm^2，古茶树树龄大多数在300～500年之间，是勐宋最古老的一片古茶山，也是拉祜族最早种植的一片古茶山；纳卡古茶山总面积40hm^2，树龄在200年以上，也为拉祜族所种植。

贺开古茶山位于勐混镇贺开村委会境内，该村有拉祜族2200多人。古

茶山占地面积达666.67hm^2，现存古茶山分布在曼迈、曼弄老寨、曼弄新寨、广岗、班盆老寨、曼囡6个村民小组，总面积522.67hm^2，其中，核心区为曼迈、曼弄老寨、曼弄新寨三个拉祜族寨子集中连片的古茶山，总面积达482.67hm^2，是云南连片面积最大的一处古茶山。

三、特色茶俗

勐海拉祜族有制作、饮用“烤茶”“香竹筒茶”的习俗。

拉祜族喜爱饮用香高味浓的“烤茶”，这种“烤茶”的制作主要有三种方法：

方法一：将一芽五六叶的茶梢采下后直接在火塘中烘烤至焦黄，再放入土罐中，用开水煮饮。这种饮茶法也叫“火燎茶”“烧茶”。

方法二：将刚采下的茶树鲜叶或晒青毛茶放入一个葫芦瓢内，再用火钳从火塘中夹一些烧得通红的木炭放入瓢内茶叶上，并不停地抖动葫芦瓢，使茶叶得到充分的烧烤，再拣出木炭，将茶叶放入土罐中，用开水煮饮。这种饮茶法也叫“炭灼茶”。

方法三：将刚采下的茶树鲜叶或晒青毛茶放入事先烤热的土罐中，再在火塘边炭火上抖烤至焦黄后，注入开水，稍煮片刻后饮用。这种饮茶法也叫“土罐烤茶”，又因为要在炭火上不停地抖烤，故又叫“百抖茶”。另外，土罐中注入开水时会发出较大的声响，故又叫“雷响茶”。

勐海县勐宋乡纳卡村拉祜族有制作和饮用“香竹筒茶”的习俗。通常是在春季采下古茶树鲜叶，经锅炒杀青、手工揉捻后装入当地出产的一种香竹筒中，塞紧后将竹筒放在火塘中烘烤至焦黄，再剥去竹筒后即可用开水冲泡品饮。纳卡香竹筒茶茶香、竹香、清香持久，滋味醇厚，具有独特的茶韵和竹韵。

拉祜族有独特的祭茶仪式。拉祜族信仰原始宗教，认为万物有灵，必须加以敬奉和祭拜。天有天神，山有山神，而茶神作为古茶山的守护神，是拉祜族敬奉和祭拜的神灵之一。每年春茶开采前夕，拉祜族都要举行祭茶仪式。通常是在天与地交会的一片古茶山里，迎着冉冉升起的太阳，在最大的一棵古茶树下开始了神圣的祭茶仪式。

第四节

布朗族与茶

一、民族概况

布朗族源于古代“百濮”族群（即“濮人”），属于南亚语系孟高棉语族，与德昂族、佤族有族属渊源关系。布朗族有“布朗”“巴朗”“乌”“阿娃”“翁拱”“本族”等多种自称。1950年，根据本民族大多数人的意愿，统一称为布朗族。布朗族是一个跨境而居的民族，现主要分布在中国云南及缅甸、泰国、老挝等国家。

云南省布朗族主要分布在西双版纳、临沧、普洱、保山等州（市）的勐海、景洪、双江、云县、耿马、永德、澜沧、景谷、墨江、施甸等县（市），多居住在海拔1000～2000m的亚热带山区和半山区，从事山地农业及狩猎、采集等活动。其山地农业往往采用“刀耕火种”的生产方式，以种植旱稻和茶叶为主。

布朗族信仰小乘佛教（南传上座部佛教），村寨里都建有佛寺，并有守寺僧侣。布朗族的节日主要有“桑康节”“关门节”“开门节”“新米节”等。

布朗族能歌善舞，最出名的歌舞节目有勐海县布朗族的“布朗弹唱”。2008年6月，布朗族弹唱经国务院批准列入第二批国家级非物质文化遗产名录。

二、茶叶生产发展史

布朗族的先民——古濮人是云南最早栽培利用茶树的人，被称为“古老茶农”。具有千年历史的勐海南糯、贺开等古茶山，最初均是布朗族所种植。

据布朗族史籍《奔闷》记载，茶是布朗族祖先岩冷在迁徙途中无意发现的，茶叶拯救了“病痛”中的布朗族，布朗族从此认识并记住了这一神奇的植物，并将其命名为“腊”，沿用至今，也从此形成了种茶、用茶的传统。在漫长的迁徙过程中，寨子迁到哪里，他们就在哪里开垦山谷，种上茶树，以此作为生存的基础。

布朗族世世代代种茶、制茶，以茶为生。在南糯、贺开等古茶山，虽然布朗族早已迁徙走了，但他们留下的茶园造福了后来的哈尼族、拉祜族等民族；而在布朗山乡老曼峨、曼新龙、西定乡章朗、勐宋乡下大安、勐往乡曼糯、打洛镇老曼夕等布朗族村寨，“古老茶农”的后裔们仍然经营着祖先留下的古老茶园。

三、特色茶俗

勐海布朗族有食用“酸茶”和“喃咪茶”的习俗，也有饮用“青竹茶”“土罐茶”的习俗，还有以茶赕佛、以茶为聘等习俗。

“酸茶”“喃咪茶”是布朗族受特殊的地理与社会环境、生活水平等因素的影响而形成的以茶当菜的生活习俗，是最为原始、古朴的食茶习俗的遗留。其中，食用“酸茶”的习俗现主要保留在勐海县勐混镇曼国村委会浓养布朗族寨子。浓养布朗族食用的“酸茶”通常由妇女们制作，其主要方法是将茶树鲜叶（夏秋茶一芽三四叶及较嫩的对夹叶、单片叶）放入开水中，煮片刻后捞出茶叶，放置于阴凉、通风处，沥去一部分水分，再将茶叶装入粗长竹筒内，压实，先用芭蕉叶盖住茶叶，再用红泥巴封住竹筒口，然后在围墙边挖一个坑，将竹筒埋入地下，以土盖实即可。1个月后即可根据需要陆续挖出取食，最长可在土中保留一年左右。

“喃咪茶”是勐海县打洛镇曼夕等地的布朗族以茶当菜的一种吃法。“喃咪”是西双版纳各民族均喜食用的一种酱，通常是用菜花熬制而成，再拌入盐、糊辣子、味精等佐料即可。“喃咪茶”是将茶叶鲜叶放入开水中，稍烫片刻，减少苦涩味，即可捞出蘸“喃咪”吃。

另外，西定等地的布朗族有饮用“青竹茶”的习俗，布朗山等地的布朗族有饮用“土罐茶”的习俗。

第五节

回族与茶

一、民族概况

回族总人口1058.61万（2010），是仅次于壮族的中国第二大少数民族，也是中国分布最广的少数民族，全国各省（区、市）均有分布。勐海县回族有“回回”与“回傣”之分。回回，傣语称其为“帕西”，主要居住在勐海县城及勐遮镇上；回傣，傣语称其为“帕西傣”，居住在勐海镇曼短村委会曼峦回、曼赛回两个村民小组，两村相距5km，其中，曼峦回位于勐海工业园区附近，距勐海县城8km。

曼峦回、曼赛回是全国仅有的两个回傣村寨，两寨在同一时期建立，祖籍大都来自大理，两寨有亲缘关系，过往甚密。回傣日常用语与傣族相同，民族服饰也与傣族基本相同或是傣回结合，但其信仰伊斯兰教，两个寨子里均建有清真寺。

回回主要来自红河州个旧市沙甸区和玉溪市通海、峨山等县。

回族信仰伊斯兰教，教徒称为“穆斯林”，宗教活动主要在清真寺内进行。现在，勐海县境内共有四所清真寺，勐海县城老街、勐遮镇上及曼峦回、曼赛回各有一所。清真寺都由阿訇负责管理，虔诚的教徒每天都要到清真寺做礼拜，每个星期五下午举行聚礼，“开斋节”和“古尔邦节”期间举行会礼。

二、茶叶生产发展史

最早成规模在勐海种茶的回民是白孟愚及其从沙甸带来的回族乡亲。1938年，省财政厅委派沙甸回族白孟愚到车佛南茶区筹建“云南省思普区茶业试验场”，白孟愚于1939年1月在勐遮建立第一分场，同年4月，在南糯山建立第二分场。其间，白孟愚指导沙甸回族乡亲及其他民族群众开垦荒地、培育茶苗、栽种茶树，采用“等高条栽、单行单株”技术，建成了滇南茶区最早的大面积“等高条栽”新茶园，其中，在勐遮栽种茶苗数万株，存活4.7万株；在南糯山栽种茶苗22万株（含补植），存活17万株，占地73.33hm^2。

三、特色茶俗

日常生活中，回族不抽烟、不饮酒，但特别喜欢饮茶和以茶待客。茶是回族人民饮食生活的重要组成部分，日常饮茶以泡饮为主，而待客时的“清真茶点”是回族茶俗的一大特色，无论是城镇还是乡村，只要到回族人民家中做客，热情的主人都会先奉上一些佐茶的清真糕点、水果、干果等小食品，再端上一杯热腾腾的清茶，让客人慢慢品尝。

在曼峦回村，回傣村民有品饮“烤茶”的习俗。与其他民族的“烤茶”不同的是，回傣村民是先将30cm左右的茶枝采下晒干备用，需要饮用时再将晒干的茶枝拿到炭火上烘烤片刻，待茶枝叶片焦黄后即可摘下叶片放入壶中，用开水泡饮。这种“烤茶”清香袭人、回味甘醇，是回傣村民现在采用较多的一种“烤茶”方法，在勐海八公里回傣清真烧烤店及曼峦回附近的清真食馆中，都专门为客人准备了这种独特的“烤茶”。

另外，曼峦回回傣村民还有一种不同的“烤茶”方法，这种方法是将干毛茶放入一个洁净的大碗中，再用竹筷夹一些烧红的火炭放进去，并轻轻抖动或用竹筷翻动，稍后即可捡去火炭，再将烤好的毛茶放入壶中或杯中泡饮。这种“烤茶”也叫“炭灼茶”，茶香浓郁、滋味浓厚，也是回傣茶俗的一大特色。

第六节

勐海茶文化

一、进京进藏

（一）哈尼族进京献茶

1955年，由22个少数民族49人组成的云南国庆观礼团，赴北京参加中华人民共和国成立6周年国庆观礼。参加云南国庆观礼团的西双版纳代表有9人，其中，傣族6人，哈尼族2人，布朗族1人。年方20岁的南糯山哈尼族青年确康是其中之一。9月30日，确康代表哈尼族向党中央、毛泽东主席敬献了南糯山普洱茶。

2006年国庆前夕，西双版纳州委、州政府在得知确康老人与普洱茶的故事后，决定让确康老人再次到北京敬献普洱茶，实现老人的美好心愿，同时也向党中央汇报云南边疆少数民族地区改革开放以来发展普洱茶产业，建设社会主义新农村和茶区人民发家致富取得的新成果。2006年10月1日，在中南海，确康老人代表哈尼族向党中央敬献由勐海茶厂特制的一套“大益”牌普洱茶，实现了他半个世纪后再次到北京敬献茶叶的心愿。

（二）滇茶进藏

2005年11月10日，由云南省青少年发展基金会、云南省茶业协会、云南省茶叶商会主办，云南雪域古道文化传播有限公司、中共勐海县委、勐海县人民政府、勐海县茶叶商会承办，昆明民族茶文化促进会、云南省茶马古道研究会、春城晚报协办的“滇茶大益天下·马帮西藏行暨滇藏茶马古道勘测”大型社会活动在勐海拉开序幕。由34名马锅头牵引着66匹骡马，驮着勐海茶厂、国艳茶厂、永明茶厂等企业生产的优质普洱茶，在勐海曼贺大佛寺集结并举行启程仪式，来自勐海45个佛寺的99名僧侣为马帮诵平安经，祝福即将踏上征程的马帮，祝福即将进藏的普洱茶。

“滇茶进藏”活动，男子爱心马帮从勐海出发，循茶马古道，途经景洪、思茅那柯里古道、普洱通金古道、凤庆鲁史古道，途中在大理巍山古城与从昆明出发的女子爱心马帮会师，组成99匹骡马大马帮，经丽江、香格里拉，于2006年4月进入西藏的芒康等地，爬过10座雪山，越过4条大江，于6月底7月初到达拉萨及日喀则，全程4000多千米，成功完成了一次大型普洱茶文化及爱心之旅。

这次活动将“大益”普洱茶在香格里拉、拉萨拍卖所得的200多万元用于在茶马古道沿线援建10所希望小学，为云南佛学院捐资30万元资助佛教事业。这成为这次普洱茶爱心之旅的一大亮点。

（三）马帮贡茶万里行

2006年4月10日，由西双版纳州政府、中国电视艺术家协会和北京亚视星空国际文化艺术交流中心联合中国初级卫生保健基金会、中国健康扶贫工程组委会、中国茶叶学会、中国国际茶文化研究会、中国茶叶流通协会等单位共同举办的大型文化工程“马帮贡茶万里行”活动在勐海县曼兴缅寺广场举行出征大典，这是对勐海县自民国至今百年来作为普洱茶加工中心及茶马古道起点站的再次肯定，也是弘扬普洱茶文化、促进勐海茶叶产业快速发展的创新之举。勐海县各级领导高度重视，成立了领导小组，并先后做了大量的宣传、筹备工作，引导全县茶企、茶商积极参与和加盟此项活动，举全县之力办好这次茶界盛事。同时，借助这次活动，弘扬以勐海为起点的茶马古道文化，扩大勐海普洱茶的文化内涵，达到“文化搭台促宣传，经济唱戏谋发展”的目的。

这次“马帮贡茶万里行”活动由99匹滇马、30多个马锅头组成大马帮，驮运西双版纳勐海、易武、大渡岗等地普洱茶企业的产品，途经广西、广东、上海等地，最后到达北京，行程6000多千米，并通过与当地茶叶经销商联谊互动、现场拍卖普洱茶等一系列活动，达到深度宣传、推销普洱茶的目的，并引领勐海乃至西双版纳、云南普洱茶生产企业步入更为广阔的市场，促进普洱茶产业的发展繁荣。

二、勐海（国际）茶王节

1993年，西双版纳州举行首届“西双版纳国际茶王节”，首次向外界展示了普洱茶的故乡——西双版纳，展示了茶王之乡——勐海，为推进西双版纳普洱茶产业起到了积极的作用。2009年4月15—17日，为打造勐海普洱茶品牌，做大、做强、做精普洱茶产业和推动全县茶文化

旅游产业发展，挖掘、保护和多层次、多角度、全方位展示及弘扬哈尼族民间原生态歌曲和哈尼族茶文化，在格朗和乡南糯山举办了勐海县第二届“原生态哈尼民歌”邀请大赛暨首届勐海普洱茶“阿卡老博”赛茶大赛，即定为第一届勐海茶王节。2010年举办第二届时更名为勐海茶王节，2016年举办第八届时更名为“勐海（国际）茶王节”。

至今，已连续举办了十二届“茶王节”，开展茶王赛、采制茶比赛、民族歌舞表演、民族茶文化展示、普洱茶精品展示、企业品牌宣传、茶科技茶文化交流等活动。为全面推进“生态普洱、科学普洱、安全普洱、放心普洱、满意普洱”奠定了坚实基础，对提高勐海普洱茶知名度、传承茶历史、交流茶文化、传播茶知识、引导茶消费、提高茶品质、打造茶品牌、开发茶旅游、拓展茶贸易、繁荣茶市场、做大茶产业等方面，都起到了积极的作用。

三、勐海茶宣传普及活动

（一）会展宣传

21世纪以来，勐海县委、县政府更加重视普洱茶的宣传、推介工作，通过中国茶业经济年会、中国茶叶大会、中国海上“丝绸之路”博览会、广州茶博会、西双版纳边境贸易交流会等载体，扩大全县茶企的对外交流，努力推动品牌企业供销渠道的建设和推广，引导企业开拓新市场、新客户、新产品，帮助支持企业开拓海外市场。在会上，大力宣传勐海普洱茶产业、宣传勐海普洱茶文化，让更多的人了解勐海普洱茶厚重的历史及文化底蕴、了解勐海普洱茶优异的品质特征，进一步提高了勐海普洱茶的知名度、美誉度，从而扩大销售与消费，不断提高勐海普洱茶的市场占有率，带动勐海普洱茶产业的繁荣兴盛。

（二）媒体宣传

20世纪50年代以来，省茶叶研究所在实地调查研究工作的基础上，在国内各类刊物上发表了有关勐海茶的论文、科普文章100多篇，涉及资源、品种、栽培、加工及普洱茶历史、民族茶文化等方面的内容，起到了较好的宣传、普及作用。

2018—2019年，勐海县志办、县茶业局主编出版了《勐海县茶志》；省茶叶研究所、勐海县政府主编出版了《勐海茶种植技术》《勐海普洱茶加工技术》《勐海普洱茶文化》《勐海古茶树资源科学考察报告》《勐海古茶树》5部专著。这些图书从多个角度宣传了“勐海茶、勐海味”，让世人更多的了解勐海茶，对勐海茶产业的发展起到了较好的促进作用。

（三）社团活动

2005年以来，勐海县先后成立了勐海县茶业商会、勐海县茶业协会、勐海县民间茶文化研究学会、勐海古茶研究会、勐海贺开茶叶协会及一大批茶叶专业合作社。这些社团组织多以宣传茶文化、打造茶品牌、推销茶产品、推广茶科技、保护古茶树等为宗旨，多次在县内开展茶文化交流、茶文艺表演、茶科技推广、茶产品评比及古茶树保护宣传等活动，对勐海普洱茶产业的发展起到了积极的作用。

（四）茶王在勐海

2019年初，由屈塬作词，浮克作曲，并由著名普米族女歌唱家茸芭莘那演唱的歌曲《茶王在勐海》正式发布并成了人们不断传唱的“流行歌曲”：

踏着小河淌水的节拍，穿越彩云缭绕的村寨，

一路走过不停留，因为我要去勐海。

挥别一路好客的挽留，
忘却沿途风光的精彩，
一脉清香牵引我，因为茶王在勐海。

千岁的古茶树，在把我等待，
你的山，你的水，茶神来安排。

一路向南来，因为茶王在勐海，
天南地北远方的客人，
到这里来赶摆。

多情的澜沧江，为我洗尘埃，
你的美，你的好，都是我的爱。

千里来相会，因为茶王在勐海，
茶马古道从这里出发，
通向那云天外。

四、茶旅康养

经过多年的努力，勐海县旅游业与茶产业的融合不断加强。在不断加大古茶树（园）保护力度的同时，着力打造古茶名山基地，建成（茶马古道）大益庄园国家AAAA级景区、雨林古茶坊和勐巴拉雨林小镇等一批具有国内领先水平，具有茶文化特色的体验园、游乐园和科技园胜地及5个名山名茶专业化乡镇和12个特色示范村、古茶精品园。贺开古茶庄园获“2014中国美丽茶园”“2014最具价值文化（遗产）旅游目的地景区”称号，（茶马古道）大益庄园茶旅游资源入选“2018中国旅游好资源”发现名录，勐巴拉恒春雨林康养小镇列入全省首批康养小镇创建试点名单，勐巴拉旅游度假区成功创建省级旅游度假区。

茶马古道景区是以省茶叶研究所无性系良种有机生态茶园为基础，2010年建成的AAAA级景区，将茶叶科研与茶马古道文化、旅游结合起来，成为休闲度假的胜地。在茶叶科研方面，景区展示了以云抗10号、佛香系列、紫娟等国家级、省级茶树无性系良种建成的有机生态茶园，让游人感受茶叶科研环境、享受茶叶科研成果、欣赏茶园和谐之美，并开展手工采茶、手工制茶体验；在茶马古道文化方面，景区展示了滇藏茶马古道沿线的民族文化及茶马古镇古街、马帮驿站、滇西抗战等相关的实物或照片，让人感受悠远的古道遗风、艰辛的马帮岁月、独特的民族文化。整个景区处于缓缓上升的丘陵地带，茶园整齐、美观，鱼塘串珠相联，汉式四合院及傣族、藏族风格的建筑，掩映在茶园及绿化树木之中，加上蓝天白云、青山绿水，就如世外仙境，令人留恋忘返。

勐巴拉国际旅游度假区将紧扣省委、省政府提出要打造世界一流绿色发展“三张牌”和建设西双版纳“世界旅游名城”的目标，以“一区三镇三大产业两个目标一大愿景”为蓝图，以国际旅游度假区为核心，以“澜湄流域六国文化和雨林文化”为母体，倾力打造中国最美雨林避寒避暑心圣地，世界一流“健康生活目的地”。

第九章 勐海味之品牌香

勐海是世界茶树原产地的中心地带和驰名中外的普洱茶主产区、茶马古道源头，是世界上迄今保存古茶园面积最大、茶树品种资源最多的古茶区，有世界上最古老的种茶山寨，是现代普洱茶的生产、销售、集散中心。25 个民族兄弟姐妹在这里和谐相处、繁衍生息，并创造了丰富多彩的民族茶文化。可以说，勐海的发展优势在茶、发展潜力在茶，茶产业已成为勐海实现高质量发展的支柱型产业，历届县委、县政府高度重视茶产业的发展。

第一节

勐海普洱茶科技

一、 茶树栽培技术研究与推广

（一）低产茶园改造示范与推广

20世纪50—80年代，省茶叶研究所持续在勐海坝子边缘茶山进行低产古老茶园改造示范与技术推广，使当地茶叶产量和产值大幅提升。1999—2005年，省茶叶研究所开展嫁接换种试验，并在勐海等茶区进行推广。

2004年，省农业厅投入资金扶持勐海对老茶园进行改植换种，面积1194亩。

勐海县有品种混杂、植株稀少、单产不足30kg的低产茶园8万余亩。1987年，县茶叶办公室实施省农牧渔业厅下达的“勐海县茶叶出口基地低产茶园改造”项目，改造低产茶园57674亩。改造低产茶园的主要技术措施：深耕改土，加深土壤耕作层，在茶行间挖深宽各50cm施肥沟，每亩施有机肥1000kg、绿肥3000kg、磷肥100kg，表土回沟，提高土壤肥力；补缺改园，增加茶园种植密度，使每亩茶园株数不少于2000株，调整茶园覆荫树密度，为茶树生长创造良好的生态环境；改树，根据树势生长情况分别采取轻修剪、蓄养、重修剪和台刈的方

法，重新培养丰产型骨架和树冠；加强管理，按时补充土壤的各种营养元素，保证茶树的生长需要，合理采摘以形成良好的采摘面，加强各项植保措施，适时防治病虫害。57674亩低产茶园，用以上措施改造后平均单产由21.1kg提高到69.5kg，产量增加3175.2t，增长445%，产值增加2493.2万元。

（二）高产栽培技术推广

1.密植速成茶园栽培技术研究与推广

1958年，省茶叶研究所开展茶树密植试验，1964—1966年在勐海推广400多亩密植速成新茶区。

1975年，省茶叶研究所开展“密植免耕茶园试验研究”课题，继续进行茶树密植高产试验示范。到第8年（1983），平均亩产干茶400余千克，成为密植速成高产的典型。

1988年，茶树密植速成高产栽培技术被农业部列为重大推广项目，至21世纪，已在全省推广种植了200多万亩。

2014年，勐海县开展生态茶园建设以来，由于对化肥、农药的控制，密植速成茶园这种需要较多肥料投入的种植模式逐渐被低密度（每亩种植400～800株）的种植模式取代。有的茶区还用“茶园留养”的方式，对密植速成茶园间除茶株，降低种植密度，以达到减少肥料投入、降低管理成本的目的。

2. 茶樟间作试验示范与推广

茶樟间作是勐海茶农特有的植茶、植樟方法，民间的茶间作无一定规格。1982年，县茶叶办公室建立茶樟间作试验地164亩，作茶樟间作试验示范。茶树用双行单株定植，亩植3300株，樟脑行距10m，亩植樟树苗22株。樟茶间作试验地经科学管理，茶树3足龄后平均亩产达92.3kg，1989年，樟树亩产樟脑收入217.20元。

1998年以后，在勐冈、格朗和、勐遮、勐海、勐宋、布朗山等10个乡镇推广，累计推广面积7424亩。据1998年统计，全县茶樟间作茶园茶叶总产量达324436kg，产值194.66万元；年产樟叶2353460kg，产值23.5万元。

2000年后，茶樟间作模式作为生态茶园建设的重要措施之一，在全县的新植茶园、低茶茶园改造、无公害茶园建设等工作中得到了普遍的推广，面积已达到40万亩以上。

（三）生态茶园与无公害茶园示范推广

1.生态茶园研究示范

“生态茶园”是省茶叶研究所张顺高于1986年提出来的茶园建设新方案。生态茶园按生态学原理和生态规律建立，具有多层次、多成分、多功能，结构稳定、系统平衡的特点和经济、生态、社会三大效益。1986—1990年，省茶叶研究所开展“园林化复合茶园生态结构研究”，在所内建成园林化复合茶园100亩。1986—1991年省茶叶研究所主持实施国家级茶叶“星火计划”，在南糯山建立密植生态茶园5000亩；1987—1991年省茶叶研究所又在勐海等地兴办“云南省茶叶综合试验示范区”，其中在勐海建立密植速成丰产生态茶园1544.7亩。这些茶园均取得了显著的经济、生态和社会效益。

1992年以后，省茶叶研究所先后实施“无性系高产优质良种生态茶园示范”“速成高产优质茶果园综合栽培技术研究开发”“无性系良种生态茶园无公害栽培技术试验示范”“高香优质良种无公害茶基地建设”“普洱茶生态茶园关键技术研究与示范”等项目，在茶区推广生态茶园研究成果，对所建茶园按生态学原理进行规划，设置人行道，建立上层植物。

21世纪以来，省茶叶研究所先后在勐海县勐宋、勐混、格朗和、布朗山等乡（镇）开展了生态茶园相关项目的示范推广，共建立无性系良种生态茶园或无公害生态茶园2万余亩。

2014年，西双版纳州委、州政府提出了加大生态茶园建设的茶产业发展措施，勐海县开始大力推行生态茶园建设，每年建设生态茶园6万亩以上，至2020年，共有47.2万亩生态茶园通过州级验收。勐海县生态茶园建设仍在持续开展中。

2.无性系良种无公害茶园示范推广

2001年3月，西双版纳州委、州政府召开茶叶产业提升座谈会，提出“以市场为导向、以资源为依托，调整优化茶叶产业结构，加快无性系良种无公害茶园建设”的指导思想，安排勐海县种植3000亩无性系无公害示范茶园。县茶叶办公室按照县人民政府制定的计划，在布朗山、勐满两个乡（镇），选择自然环境好、周围无污染的章家、曼班、曼果茶场、南达、星火山等地，实施无性系良种无公害茶园建设。采用平台种植方法，开垦无性系良种无公害示范茶园2000亩，按照株行距33cm×40cm，亩植2400株的规格种植云抗10号无性系良种。在示范茶园的带动下，全县已发展无性系良种无公害茶园4003亩。在建立无公害新茶园的同时，按照农业部制定的无公害茶园操作技术规程，采用增施有机肥，改善土壤肥力；种植樟树、杉松等经济林木，改善茶园生态环境；使用生物农药，降低农药残留量等技术措施，实施茶园无公害转换。

2005年以后，勐海县茶叶无性系良种的推广速度逐渐减缓，仅有紫娟等少数茶叶无性系良种尚有少量的种植，有的茶区甚至因受市场的引导，将种植的茶叶无性系良种嫁接其他当地品种，也导致了茶叶无性系良种种植面积的进一步减少。至2022年末，全县茶叶无性系良种种植面积约为3万亩。主要品种为云抗10号、紫娟、“佛香茶”系列等。

3.有机茶园栽培管理技术示范

有机茶生产是生产过程中不使用化学合成物质，采用环境资源有益技术为特征的生产体系。2001—2005年，省茶叶研究所科研人员开展了“有机茶生产技术研究”“无性系良种速生高产优质有机生态茶园建设”“云南省有机茶生产关键技术试验示范”等项目。在所内新建147.4亩无性系良种有机生态茶园，并对500亩常规茶园进行有机茶园转换。在幼龄茶园内套种杉木、樟树等经济树木，合理间作短期经济作物，严格按照有机茶生产方式做好茶园日常管理工作，提高了土地利用率、防止水土流失，保护了生态环境。在有机茶园中开展肥料无害化处理、微生物菌种堆肥、绿肥栽培应用，冬季封园试验、喷药开园试验、植物源生物农药（印楝素、苦参碱）试验、叶面肥对比试验、病虫草害控制技术试验。发现勤采可以减少茶小绿叶蝉虫口数量；中耕除草可增加茶叶产量，减少茶小绿叶蝉虫口数量；在茶园中放养鸡、鸭可有效抑制杂草及害虫的发生；采用苏特灵、胜邦、AO-318、球孢白僵菌等生物农药对茶树病虫害均有一定的防治效果。2003年12月，省茶叶研究所100亩有机茶园、200亩有机转换茶园和一座有机茶加工厂通过中国农业科学院茶叶研究所有机茶研究与开发中心的认证检查，获得该中心颁发的有机茶证书。

二、茶树资源研究与新品种选育

（一）茶树品种资源调查及征集

省茶叶研究所于1951年开始进行茶树品种资源调查及地方群体品种的整理与推荐工作。至1966年，已向省内外推荐了一大批高产、优质的地方群体品种。其中，勐海大叶茶于1985年通过了全国茶树良种委员会审定，被认定为国家级茶树良种（有性系）。

1980年，省茶叶研究所组织科技人员，分赴省内5个州（市）14个县进行茶树品种资源考察征集。1981年，省茶叶研究所与中国茶叶所共同主持开展中国农业科学院列项的云南茶树品种资源考察研究课题，会同有关单位组成考察组，对全省15个州（市）、61个县（市、区）、486个点，进行考察，历时5年，行程51900km，征集到各种茶树资源材料410份，种子355份，花380份。发现野生大茶树198处，共考察、发现茶组植物31个种和2个变种。基本掌握云南茶树品种资源的种类、数量、分布和利用状况，抢救了一批濒临死亡的稀有珍贵资源。发掘出119个优良单株，向全省推荐26个高产、优质、种性较纯的地方群体品种。1986年以后，省茶叶研究所继续进行茶树品种资源补充征集工作，使征集、保存的资源材料不断丰富。

（二）国家种质勐海茶树资源圃的建立

1983年，为妥善保存、利用所征集到的茶树品种资源材料，省茶叶研究所在省科委的支持下，建立占地面积30亩的“茶树品种资源保存圃”。

1987年9月，“茶树品种资源保存圃”被列为国家“七五”攻关项目“茶树种质资源圃的建立和保存技术研究”子专题“云南大叶种茶树资源保存圃”。经过3年的努力，共入圃保存资源活体材料607份，其中，野生型186份，栽培型401份，山茶科近缘植物20份。在入圃材料中，已定名的有384份，有17个种和1个变种为首次发现，有经济性状优异的地方群体良种26个，珍稀优异单

株119个。1990年5月，“云南大叶种茶树品种资源保存圃”通过国家计委、农业部、中国农作物品种资源所、中国茶科所、云南省科委、省农业厅、省农科院、省茶叶公司等单位专家组的现场验收，正式挂牌为“国家种质勐海茶树分圃”。2012年，经农业部批准，资源圃升级并正式挂牌为“国家种质大叶茶树资源圃（勐海）”。2014年又挂牌“国家农作物种质资源平台茶树种质资源子平台（勐海）”。2015年，资源圃扩建至68.73亩。至2022年底，资源圃已入圃保存茶组植物38个种、3个变种和山茶科非茶组植物7个种的活体材料约3000份（包括有栽培型、野生型、过渡型、野生近缘种）。这是我国大叶茶树种质资源保存份数最多，种类最齐全的活体保存中心。

（三）茶树资源研究与利用

1986—2023年，依托资源圃保存的资源材料，省茶叶研究所先后开展了国家攻关项目（发展基础条件平台建设项目、国家重点实验室开放基金、国家基金项目、农业部项目、云南省科委项目等50多项）。共获国家科技进步二等奖1项；云南省科技进步一等奖1项，三等奖3项；农业部科技进步二等奖1项；浙江省、安徽省科学技术奖二等奖各1项。

（四）茶树新品种系统选育

1973年以来，省茶叶研究所通过系统选育、杂交育种等方式，在勐海选育出了32个国家级、省级茶树新品种。其中，有国家级茶树无性系良种云抗10号、云抗14号；省级茶树良种长叶白毫、云抗27号、云选9号、73-11号、佛香1号、紫娟、云茶1号等。云抗系列、73系列、云选系列及长叶白毫等为系统选育良种，佛香系列及云茶红1号等为杂交育种。2005年紫娟、云茶1号获国家林业局植物新品种保护权。2015—2016年，云茶普蕊、云茶香1号、云茶奇蕊、云茶银剑获农业部植物新品种权。

三、茶叶加工技术研究与推广

（一）滇红茶研究

20世纪50—90年代，省茶叶研究所、勐海茶厂等单位先后开展了滇红工夫、红碎茶的多项试验研究工作。重点项目有：1952年的“工夫红茶初制技术推广”，1964—1966年的“全国分级红茶实验（勐海点）”。基本掌握提高红碎茶品质的技术措施，将红碎茶初制工艺统一为：鲜叶→重萎凋→重揉捻（转子机）→轻发毛火→摊凉→足火。这套初制工艺的推广使红碎茶品质与产量不断提高。1989年，勐海星火茶厂引进CTC三联机加工红碎茶，实现红碎茶初精制加工合一。1993年，勐海茶厂也引进了两条CTC红碎茶生产线。

（二）普洱茶研究

普洱茶是西双版纳传统名茶，古代普洱茶的后发酵是在仓储与长途运输的过程中完成的。1974年，勐海茶厂对人工发酵工艺进行改善，试制出现代普洱茶0.3t，其后不断改良，掌握了成熟的现代普洱茶发酵工艺。2003年，省茶叶研究所开展现代普洱茶渥堆后发酵试验。2004年12月，云南省农业科学院与州政府合作在省茶叶研究所挂牌成立“西双版纳普洱茶研究院”，利用省茶叶研究所的人才和技术优势，进一步开展普洱茶综合研究与开发工作。2016年6月，省茶叶研究所与勐海县人民政府合作，在

省茶叶研究所挂牌成立“中国勐海茶研究中心”，不断深化勐海普洱茶研究工作。

（三）名茶研制

1953年以来，勐海茶厂、省茶叶研究所对晒青毛茶、红碎茶、工夫红茶、普洱茶的加工工艺进行不断研究，研制出许多在省内、国内获奖的优质名茶。

云海白毫。省茶叶研究所1954年研制出的名优绿茶。因其外形挺直细嫩，身披白毫，又因产于云南勐海，且生长环境常年云雾缭绕，酷似云海，故名“云海白毫”。经不断改进工序，“云海白毫”于1983年被评为云南省名茶，1986年获全国名茶称号。

红碎茶1号。勐海茶厂于1964年试制成功并投入生产。具有芽毫紧实浑圆、色泽金黄、叶底鲜嫩明亮、滋味浓强鲜爽、汤色红亮、香气浓郁等特点。氨基酸含量367.98mg/g、儿茶素总量77.19mg/g、水浸出物42.5%、茶多酚32.44%。1988年12月，在全国首届食品博览会上荣获金奖。1989年，被农业部评为优质产品。

红碎茶2号高档。由勐海茶厂生产。具有香气持久、滋味浓鲜等特点。1988年12月，在全国首届食品博览会上荣获铜奖。

工夫红茶一级。由勐海茶厂生产。具有外形条索紧直、色泽乌润、金毫特多、内质醇厚、香气持久、滋味浓厚、汤色红艳、叶底柔嫩、多芽等特点。1988年12月，在全国首届食品博览会上荣获铜奖。

工夫红茶二级。由勐海茶厂生产。1985年、1986年两度被商业部评为优质产品。1988年12月，在全国首届食品博览会上荣获银奖。

南糯白毫。由勐海茶厂研制并投入批量生产。具有茶条紧结壮实、秀美均整、锋苗挺直、白毫显露、香气馥郁、汤色清澈明亮、滋味甘醇、经久耐泡等特点。1988年12月，在全国首届食品博览会上荣获金奖。同年，被评定为全国30种名茶之一。

七子饼茶。由海茶厂研制并投入批量生产。1974年生产的熟饼、生饼两大品种，被商业部评为优质产品。1988年，在首届中国保健品评比中荣获最高奖——金鹤杯奖。

沱茶。勐海茶厂传统产品。具有色泽墨绿油嫩、香气纯浓、滋味浓厚、汤色黄亮等特点。1988年7月，在全国营养食品研评中荣获“熊猫杯”银奖。

普洱茶。系西双版纳传统名茶。1974年，勐海茶厂在总结传统工艺的基础上，利用人工工艺加速普洱茶的发酵陈化过程，制成人工发酵普洱茶产品。具有越陈越香、汤色红浓明亮、滋味醇厚回甘、品质好、耐储存等特点。1986年、1990年两度被云南食品工业协会评为优秀食品。

云海白毫。由省茶叶研究所选用无性系良种长叶白毫一芽一叶初展鲜叶为原料，采用独特工艺精制而成。

条索紧直圆润、白毫披身、锋苗完整、外形美观、汤色黄绿明亮、气香味爽、叶底鲜嫩、内质上乘。1983年被评为云南名茶。1986年荣获全国名茶称号。

佛香茶。由省茶叶研究所1989年选用云南大叶茶与小叶茶人工杂交鲜叶为原料加工制成。具有条索紧实毫显、色泽嫩绿油润、带板栗香气、汤色浅绿明澈、滋味鲜爽回甘、叶底嫩绿明亮等特点。1992年被评为云南名茶。

含笑吐三香。由省茶叶研究所选采人工杂交新品种茶树鲜叶和茶花、茉莉花为原料，用独特工艺开发研制的特种茶。芽叶鲜嫩披毫，茶花、茉莉花隐于茶芽之中，汤色嫩绿，茶香伴有花香。1994年荣获云南省农业厅“优秀工艺茶”称号。

版纳云奇茶。由省茶叶研究所选用人工杂交茶树鲜叶精细制作而成。由于外形奇特，产于西双版纳，故称版纳云奇茶。条索呈波状曲卷，具有波峰浪谷之态，外形奇特，色泽嫩绿，汤色浅绿明亮香浓鲜爽，滋味回甘，叶底嫩绿明亮。1992年被评为云南名茶。

版纳曲茗。由省茶叶研究所选采无性系良种茶树一芽一叶或半初展嫩叶为原料，精心制作而成。外形优

美，曲卷成环，白毫耸直隐绿，香高味醇，馥郁沁心，滋味鲜爽回甘。1996年，获“中国西部地区第三届名茶评比陆羽杯”金奖。

版纳银峰。系省茶叶研究所研制的云海白毫系列产品之一。具有色泽润亮、白毫显露、内质醇厚、味不苦涩等特点。1998年，在首届中国国际茶叶博览会上荣获中国文化名茶荣誉奖。

滇红香曲。属卷曲型茶，省茶叶研究所在传统滇红工夫红茶工艺的基础上，引入双锅曲毫炒干机造型机械及其技术精制而成。具有条紧而卷曲、金毫显露、油润、汤色黄红清亮、香味高浓持久、滋味醇厚、叶底红亮等特点。1999年，获第三届“中茶杯”全国名优茶评比二等奖和云南省第一届“云茶杯”名优茶评比优质茶称号。2001年，获云南省第三届“云茶杯”名茶称号。2002年，获云南省第二届茶叶交易会金奖。

滇红金针。属毛尖型茶，省茶叶研究所在大宗滇红工夫红茶的基础上引入理条机械及其技术制成。具有条索紧结，金毫挺直似针，汤红清亮，甜香馥郁、持久，滋味甜醇、鲜爽，叶底红亮等特点。2003年6月，获第五届“中茶杯”全国名优茶评比一等奖。

四、茶树病虫害防治研究

（一）茶树病虫害调查与综合防治

20世纪50—60年代，省茶叶研究所在勐海等茶区开展了茶树病虫害调查工作，初步掌握了茶树病虫害种类、分布范围、危害状况。

1972—1986年，省茶叶研究所科研人员相继开展“茶小绿叶蝉发生规律观察与防治技术研究”“茶根硕蚧发生与防治研究”“茶苗根结线虫病及综合防治研究”等项目，掌握了病虫害发生规律及对茶园的危害情况，开展化学农药防治试验，取得较好的防治效果。

（二）生物防治技术研究

1978年12月，省茶叶研究所承担“茶树主要害虫天敌资源调查及保护利用研究”课题，对主要茶区茶树害虫天敌种类进行调查、收集、观测、鉴定。在15个产茶县采集到茶树害虫天敌标本8476份，有各类天敌406种，其中，天敌昆虫302种，蜘蛛77种，蜡类5种，病原微生物22种。完成242种天敌的鉴定工作。

1999年以后，省茶叶研究所先后开展了“茶蚜虫霉菌室内毒力测定及高毒力菌株筛选研究”“生物农药的引进、筛选试验和开发研究”“新型高效生物源农药新产品产业化关键技术的研发与应用”等课题。

五、信记号对古茶树保护开采

（一）古茶树保护性采摘

1.八马茶业信记号助力云茶高质量发展

古茶树作为生命有机体，需要通过良性的新陈代谢活动（包括采摘）来提高和维持其生命机能。不能不采，更不能过度采。通过科学合理的采摘，可以维持和延长古茶树的生机。

2.《条例》对古茶树的保护总结了以下三大方向

第一，明确保护范围，《条例》明确将云南省行政区域内树龄100年以上的野生茶树和栽培型茶树纳入保护范围；

第二，可持续发展，《条例》强调古茶树的保护管理和研究利用应当遵循保护优先、科学管理、有序开发、可持续发展的原则，兼顾生态效益、经济效益和社会效益协调发展；

八马信记号自2021年获得老班章茶王树、茶皇后树采摘权

第三，提升产品市场竞争力，《条例》鼓励和支持开展地理标志产品保护，注册地理标志证明商标；鼓励和支持创立自主知识产权的古茶树产品品牌.合理利用古茶树资源，培育古茶树资源产业链，提升产品市场竞争力。

2023年3月，云南省政府出台古茶树资源保护条例，同期八马信记号发起设立古茶树保护发展基金，呼吁更多同行一起加入古茶树保护的行列中，推动古茶树资源保护及开发利用更上一个台阶。

云南农科院茶研所所长何青元现场宣讲《云南省古茶树保护条例》，并指导二采三留保护性采摘

云南省农业科学院茶叶研究所在云南勐海信记号工厂建立云南省农业科学院茶叶研究所—信记号年份普洱茶研究中心，该研究中心持续针对“珍稀古茶树资源的保护和科学采摘”(老班章茶王地共同管护)、“产品研发”、“年份普洱茶评估标准制订”等内容进行研究并科技赋能，增强“年份普洱茶”的品牌属性。标志着八马茶业信记号的品牌建设又实现了一大里程碑工程，逐步完善从源头到终端的战略布局。

第二节

勐海普洱茶产业

近年来，勐海县围绕打造“世界一流绿色茶产业”的目标，深入推进“一县一业”示范县、“普洱茶现代产业示范县”，重点从组织机构、原料基地、绿色生产车间、标准制定、品牌打造等各方面采取了一系列的措施，有力推动了全县茶产业结构转型升级、绿色健康发展，全县茶产业发展呈现“面积产量稳定增长，质量效益稳步提升”的良好局面，不断打造“中国普洱茶第一县”品牌。

一、严格的资源保护是勐海茶产业发展的坚实基础

加强古茶树资源保护与利用，深入贯彻执行《西双版纳州古茶树保护条例》等法律法规，结合普法宣传、乡村振兴等工作，将古茶树保护工作宣传到乡镇、村寨、农户，进一步增强社会公众对古茶树资源保护的法律意识、法律素质和古茶园的科学管理保护技术水平。同时，严厉查处各类破坏古茶山古茶树资源的违法行为，拆除古茶园内违法建筑，开展《勐海县古茶树保护利用空间规划》编制及划定古茶树资源管理保护区域等相关工作，采取分类、分级保护措施，有效推进全县古茶树（园）资源保护全面工作。

严苛的品质要求是勐海茶产业发展的信赖源泉。以茶园生态环境改善和美化为基础，按照“布局连片化、茶区园林化、品种优质化、管理科学化”的要求，全面建成“茶中有林，茶在林中，远看青山绿水、近看心旷神怡”，生态最优的普洱茶原料基地。持续推广茶园提质增效科技措施，开展农药、化肥减量行动，推广实施茶园病虫害绿色防控、茶园低密留养、茶树嫁接等技术，创建了一批标准化管理的绿色、生态、优质茶叶生产基地。举办“茶叶质量安全”培训班，实施开展普洱茶产业“呵护”和普洱茶产业“清源”专项行动，重点规范茶叶投入品市场，净化农资市场，严厉打击销售茶园违禁药品，虚

假标注使用“古树”标签标识的违法行为，不断提高勐海茶质量安全“公信力”。

二、成熟的生产体系是勐海茶产业发展的强大底气

实施初制所规范化建设管理工程，着重从茶叶初制厂房环境卫生、工艺流程、操作规程、采收管理等方面进行全面规范，鼓励支持茶企、合作社对加工环节能源、设施等绿色化改造，全面推行标准化、规范化、清洁化、智能化、数字化生产。实施新型经营组织培育工程，加大专业合作社、生产大户、家庭农场等培育力度，不断提高生产经营专业化水平。采取“公司＋村集体（合作社）＋茶农”模式，实现了“三绑”机制。实施优强龙头企业培育工程，抓好企业梯队的培育和评选工作，推动茶企联合重组、共闯市场、抱团发展和利益共享。响亮的区域品牌是勐海茶产业发展的金色名片。持续强化与中粮集团、中国茶叶、北京东道等国际国内知名企业的合作，做实勐海“普洱茶品牌”“名山名茶品牌”和“企业品牌”建设工作。实施地理标志农产品保护工程，打造“普洱茶地理标志+名山区域公用品牌+企业品牌+产品二维码”品牌体系。当前，勐海县拥有涉茶类驰名商标 5 件、马德里商标 8 件、地理标志证明商标 17 件。“勐海茶”获批“中国驰名商标”和“十大优秀地理标志产品精准扶贫商标”。

三、健全的行业标准是勐海茶产业发展的健康秘诀

编制印发《勐海茶普洱茶》《勐海茶白茶》《勐海茶红茶》《勐海茶茶叶仓储养护基本要求》《勐海茶茶叶包装与运输基本要求》等地方团体标准，编写《勐海茶种植技术》《勐海普洱茶加工技术》《勐海茶文化》等系列丛书，编印《茶园植树技术要点》《茶园病虫害绿色防控技术要点》《茶园施肥技术要点》《茶园修剪技术要点》《茶园采摘技术要点》等技术操作规程，规范茶叶从种植到销售的全过程管理。

四、深度的产城融合是勐海茶产业发展的兴旺展现

将民族茶文化融入“美丽茶城”建设，打造普洱茶文化和民族风情相

融合的主题街区，形成“以产兴城、以城带产、产城融合”的良好局面。发布融合民族特色、地域特色和普洱茶文化元素的“七彩小象”城市LOGO、吉祥物“勐勐”和“海海”，助力勐海城市品牌的传播。推出勐海茶“七子饼”旅游环线，完善园区规划和产业布局，打造花园式工业园区，改造提升茶马古道、老班章、南糯山、章朗等一批景点景区和古茶村落，发挥勐巴拉普洱茶雨林特色小镇示范带动作用，推动茶旅融合发展。通过全县各级各部门、各族群众的不懈努力，截至2022年末，全县茶园总面积达 90.59万亩，可采摘面积85.77万亩，毛茶产量达3.81万吨，精制茶产量1.58万吨，茶产业综合产值160.03亿元，实现茶产业税收4.52亿元，税收县域排名全国第一。全县总人口35万人，涉茶人口28万人，茶农 26万人。拥有注册登记各类茶叶经营主体户达14189户，获SC茶叶企业400余家，规模以上茶企达26户，龙头企业21户，其中，国家级龙头茶企2户，省级龙头茶企7户。获云南省“10 大名品”和绿色食品“10 强企业”“20 佳创新企业”表彰数达10个以上。勐海县先后荣获“中国西部最美茶乡”、中国茶业品牌影响力十强县、中国茶业百强县、全国普洱茶产业知名品牌创建示范区、中国特色农产品优势区、云南省“一县一业”创建示范县、“十三五”茶业发展十强县、“三茶统筹”先行县域等称号。勐海县将认真贯彻落实省委、省政府绿色发展、高质量发展、跨越式发展的重大战略部署，依托独特的地缘生态环境、多元民族茶文化资源等优势，进一步擦亮“中国普洱茶第一县”金字招牌，紧紧围绕打造“普洱茶现代产业示范县”的战略目标，深入实施茶产业发展“九大工程”，统筹茶产业、茶科技、茶文化，贯通产加销，融合“三产”，以举全县各族之力，集中力量建设“普洱茶现代产业示范县”，以“茶业兴”推动“产业兴”。

第三节

未来展望

一、打造普洱茶现代产业示范县

持续巩固“中国普洱茶第一县”创建成果，集中力量打造世界一流茶产业，以“一业兴”带动“百业兴”。坚持绿色化、有机化、数字化发展方向，大力推动“一县一业”产业发展，以布局优化、品质提升、产业融合为重点，加强普洱茶产业品种培优、品牌打造、标准化生产，加快构建茶产业、茶生态、茶旅游和茶文化等互融共进的现代茶产业体系，打造普洱茶现代产业示范县。

二、打造绿色工业示范园区

作为国际茶界公认的世界茶树原产地和驰名中外的普洱茶发祥地，勐海县以“茶业兴”推动“产业兴”，实施生态安全屏障建设、古茶树（园）保护、生态有机茶园创建、茶园基础设施完善和新型茶农培育“五大工程”，开展茶叶初制所标准化建设、普洱茶专业园区提档升级、优强龙头企业培育、普洱茶科研创新和茶叶质量控制行动，打造绿色工业示范园区。

三、推进茶产业标准化建设

加强“勐海茶”系列标准制定工作，形成由国家标准、行业标准、地方标准、团体标准、企业标准组成的茶叶标准体系，加大标准推广应用，提升茶产业标准化生产水平。扎实推进茶叶初制所规范化、标准化建设，提升初制所产能、技术和装备水平。支持企业新建、扩建标准化精深加工生产线，规范普洱茶产品标准化生产工艺，推进标准化茶叶加工厂建设。鼓励企业建设普洱茶标准仓，积极推进第三方建设普洱茶“公共仓”，不断提高茶叶储运设施水平。开展茶叶的溯源技术、标准与风险评估、产地环境污染控制技术应用，建立完善覆盖产地、加工、流通、销售全过程的茶产品质量追溯管理体系，提高茶产品质量。统筹规划茶叶产品集散地、销地、产地批发市场建设，完善各具特色的区域产品市场网络，健全线上产销衔接机制，促进线上市场与茶业生产统筹协调发展，打造产销一体化市场体系，到2025年，基本建成我国重要的茶叶标准化生产基地。

四、加强茶产业发展科技支撑

合理利用现有古茶树种质资源，加大普洱茶专用型、抗病性、抗逆性新品种选育，健全完善良种繁育体系，培育世界优质茶树品种。支持高校、科研院所与企业共建研发平台、示范基地、合作开发项目，创建茶产业科研成果转化“云平台”。加大普洱茶重大科技攻关、产品研发和技术应用，开展茶饮料加工技术创新、茶叶功能成分提制技术创新、茶叶功能产品研制和普洱茶绿色靶向食品制造关键技术等研究，加快开发功能保健茶、茶用品、茶食品、茶药品、茶化工品等系列精深加工产品。充分发挥国家茶叶产业技术体系、省级现代农业茶叶产业技术体系在科技攻关、技术培训、示范推广的优势，建设覆盖全产业链、全产区的科技服务支撑体系。加大勐海大叶种、苦茶的研究和开发利用，规模种植“勐海茶”当家品种。到2025年，实现全县茶树良种率达95%以上。

五、培育国际化茶业集团

以做大、做强龙头企业为重点，配套完善产业链服务，提升完善“种植→加工→营销→品牌”一条龙发展链条和“观茶→采茶→制茶→品茶→买茶→存茶”全产业链条，逐步实现茶叶全产业链发展。着力打造一批经营规模大、服务能力强、产品质量优、民主管理好的示范性农民专业合作社，加大专业大户、家庭农场等培育力度，突出大益、雨林、陈升等龙头企业的引领作用。进一步加大对茶企的支持力度，优选1～2家茶叶“金种子”企业进行重点培育，推动主业突出、成长性好、带动力强，符合国家产业政策的企业在多层次资本市场上市发展，壮大和提升企业的整体实力和竞争力，打造国际化茶业集团。到2025年，培育年产值亿元以上茶企10户，省级以上认定龙头企业15户，专业合作示范社100户、专业大户及家庭农场500户。

六、打造世界一流茶品牌

巩固勐海县全国普洱茶产业知名品牌创建示范区建设成果，支持全县各地有关企业积极申报云南名牌农产品认定和品牌价值评价。启动“勐海茶”国际注册和“勐海普洱茶”标准制定工作，推动“勐海茶”地标入围中欧地理标志互认产品，支持和引导龙头企业开展国际可持续认证（GAP、UTZ和RA）。推动建立“普洱茶地理标志＋名山区域公用品牌＋企业品牌＋产品质量追溯二维码”品牌体系，巩固和提高品牌可信度和影响力。进一步办好“勐海（国际）茶王节”和“万人茶山行”“万人采茶大赛”“万人制茶大赛”等系列活动，把“勐海（国际）茶王节”打造成为省级文化品牌。积极组织引导茶企参加国内外巡展、品牌推介活动，支持企业在重点目标市场建设普洱茶体验店，推广“茶产业＋互联网＋金融＋现代物流”的创新运营模式。

七、推动茶产业“三产”融合示范建设

依托高标准生态茶园建设，发展观光茶业、体验茶业、创意茶业等新业态，促进茶旅融合发展。立足茶产业优势和茶文化遗产资源，因地制宜建设名茶庄园，推动茶叶特色小镇建设。突出茶产业的健康养生资源，发展茶康养产业。挖掘茶文化内涵，在茶叶主产区域及交易主要地区，实施国际普洱茶交易中心、国际普洱茶加工中心和普洱茶博物馆建设项目，促进边疆茶文化和内地联结西南边疆的茶文化走廊建设。到2025年，茶产业综合产值达到350亿元。

八、做实产业园区

坚持“产城一体、园城相融”的两化互动思路，培育园区新业态，着力打造产业转型升级示范区、产城融合发展示范区、对外开放发展示范区、绿色集约发展示范区，把勐海工业园区创建成为创新驱动的高地、对外合作的平台、县域经济新的增长极。围绕建设普洱茶专业园区的目标，在建设原料基地、生产基地基础上，加大精制茶企的培育力度，鼓励龙头企业入园集群发展，不断增强主导产业的发展活力，形成主导产业的规模效应。

以普洱茶产业加工园区为载体，申报建设以茶为主的云南省特色农产品加工产业园，促进一、二、三产业融合发展，推动传统制造业向现代高科技转型升级。稳步推动边境经合区、打洛跨境物流园区、中小企业孵化园建设，为新兴产业发展提供载体和平台。

围绕产业培育，逐步丰富园区业态。以培育绿色产业，塑造“绿色品牌”为抓手，推行园区低碳化、循环化、集约化发展，鼓励园区推进绿色工厂建设，结合园区地理特征，谋划建设产、景、城融合的美丽景观，打造干净宜居的美丽园区。推进园区按照旅游景区标准化建设，提升各项服务水平，结合园区资源，建设园区文化产业园，全方位多角度对外展示园区独有的特色文化，争创特色旅游园区和AAAAA级旅游景区。

附录一
李拂一《佛海茶业概况》

一、绪论

普洱茶叶，驰名天下。其实现今之普洱并不产茶。或谓十二版纳各产茶区域，在过去曾隶属普洱，以是得名。而普洱府志载，距今百数十年前，十二版纳出产茶叶，概集中普洱制造，同时普洱又为普思沿边一带茶叶之集散地。后制造逐渐南移，接近茶山。由普洱而思茅，而倚邦、易武。今则大部集中佛海制造矣。“普洱茶”一名之由来，当以开始集中普洱制造，以普洱为集散地得来为近似。

十二版纳，原包括思茅、六顺、镇越、车里、佛海、南峤、宁江、江城之一部，及割归法属之猛乌、乌得两土司地。至近今所谓之十二版纳，则以前普思沿边行政区域为范围，即车里、南峤、佛海、宁江、六顺、镇越等县区及思茅之南部，江城之西部。其猛乌、乌得两土司地，早已不包括在今之十二版纳之领域内矣。

澜沧江自北而南微东，斜分十二版纳为江内、江外两个区域。东为江内，西为江外。六顺、镇越两县及江城之西、思茅之南属江内。

车里（一部分在江内，今景洪）、佛海、南峤等县及宁江设治区属江外。一般人大部以江内产，即镇越、思茅县属之易武、倚邦、革登、莽芝、蛮砖、架布、漫腊（这些茶区今皆属西双版纳）及车里属之攸乐山（位于江内）一带所产者为“山茶”，江外产为坝茶，按“坝”为摆夷语，其义为原野，其实车佛南各县之茶叶，并不产生于原野，而繁殖于海拔四千尺以上之山地，或四千尺上下高原附近之丘陵。车里盆地海拔较低，约一千八百尺。而茶树之散布，则高在四千尺以上之勐宋（今勐海的一个乡），五六千尺之南糯山及攸乐山。“坝茶”一名，似为不伦。

佛海产茶数量，在近今十二版纳各县区，为数最多，堪首屈一指。同时东有车里供给，西有南峤供给，北有宁江供给。自制造厂商纷纷移佛海设厂，加以输出便利关系，于是佛海一地，俨然成为十二版纳之茶业中心。素以出产普洱茶叶著名的六大茶山，以越南关税壁垒之森严，及运输上种种之不便，反瞪乎后矣。

兹以佛海为本文叙述范围，旁及车里、南峤及宁江设治区域。多年来搜罗之记录皆远寄他方，旅途匆匆，

尽一日之力，就记忆所及者为之。挂一漏万，知所不免也。

二、产区及产量

佛海、车里、南峤及宁江等县区，凡海拔四千尺左右之山地，或原野附近之小丘陵，皆滋生茶树。尤以佛海一县之产区最广。佛海共分四区，区各一土司，曰勐海土司、勐混土司、勐板土司及打洛土司。

勐海土司所属各村落，即郢勐海（佛海县治所在）、曼兴、曼海、曼贺、曼谢、曼买、曼丹、南里、曼扫、曼真、曼夏、曼耷、曼喷弄、曼拉闷、曼赛、曼斐、曼董、曼旮、曼丁景、曼鲁、曼蛮嶝、曼降、曼峦、曼录、曼法、曼崃、曼磊、曼蚌、亚康、曼舀、曼满、曼崀、曼泐、曼袄、曼榜、曼两、弄罕、曼先、曼中、葩宫贺南、大小呼啦、贺岾六村、葩珍五村、葩盆黑龙塘、上下水河寨等六十余村。海拔由三千九百五十尺至六千尺不等，村村寨寨，无处不茶，只不过产量有多少而已。

勐混土司区与勐海区，地理环境约略不同，产茶范围，亦颇广阔。勐板、打洛两区海拔较低，面积不大，产茶范围，限于少数高地带。兼之距离市场（勐海）太远，不便集中。勐板因人户稀少，野生茶树，大都任其飘零满山，无人采摘也。

车里产茶区，分布江内外。江内以攸乐山为中心，江外以南糯山及勐宋（两地现今都属勐海）为中心，车里之三大产茶区也。曼累、勐笼、落水洞及其他各地次之。南峤（现属勐海，现勐海包括当时佛海、南峤、宁江等县，原属车里的勐宋、南糯山等地现均归勐海）产茶区，遍布于景真、勐翁、景鲁、景迈兑、西定、勐满、旧笋各自治区域。宁江则以曼糯、勐阿、勐亢、景播等处为最，惟出数不多耳。各县区产茶量大概估计，则佛海约一万担，车里八千担，南峤五千担，宁江五六百担。若有销路资本，再尽力于茶园之整理，如剪枝、除草、壅根、施肥及荒废茶园之开发利用，则产量可增至十万担之数也。

产茶时期，起自国历三月尾至九月或十月止，每年有六七个月之采摘期。在三月尾和四月初采摘者，曰“春茶”，曰“白尖”，以概系白毛嫩芽之故。过此所生产者曰“黑条”，色泽黑润，质重而色味浓厚，为制造“圆茶”“砖茶”之主要成分。黑条之后曰“二水茶”，又曰“二盖”，叶大质粗，叶色黑黄相间。二水之后曰“粗茶”，概系黄色老叶，不复有黑条间杂其内，品质最为粗下，专供制藏销紧茶包心之用。九月初再生一次之白毛嫩芽曰“谷花茶”，盖其时正当谷禾扬花之季，当地人民称稻曰谷子，因此遂名其时所产之白毛嫩芽为“谷花茶”或“谷花尖”，品质次于春尖，叶色则反较春尖为光华漂亮，不易变黑，通常用作圆茶之盖面。

谷花茶之后，尚有一次之粗茶，盖为数不多。其时已届农人秋收之期，跟着即有樟脑之出产，一般茶农于秋收之后，群趋于樟脑之制造，不复再有人上山采茶矣。

三、品质

就易武、倚邦方面茶商说来，则佛海一带所产之茶为“坝茶”，品质远不如易武、倚邦一带之优良，然易武乾利贞等茶庄，固尝一再到江外采购南糯山一带所产者羼入制造。而佛海一带，每年亦有三五千担之散茶运往思茅，经思茅茶商再制造为“圆茶”（又称七字圆）、“紧茶”分销昆明及古宗商人。制者不易辨，恐饮用者亦不能辨别谁是“山茶”，谁为“坝茶”也。

就个人所知：江内外茶叶，除极少数外，似为同一品种。且各产茶区之地理环境，亦大致相同。不过易武方面，茶农对茶园知施肥、壅根、除草、剪枝等工作，而佛海一带则无之耳。

民国二十三四年期间，著者尝以佛海附近所产茶叶，制为“红茶”寄请汉口兴商砖茶公司黄诰芸君代为化验，通函研究。据复函认为品质优良，气味醇厚。而西藏同胞且认为和酥油加盐饮用，足以御严寒、壮精神、由幼而老，不可一日或缺。虽由于嗜好习惯之各不相同，而佛海一带茶叶品质之不坏，可得一旁证。

四、制法及包装

佛海茶叶制法，计分初制、再制两次手续。土民及茶农將茶叶採下，入釜炒使凋萎，取出竹席上反复搓揉成茶，晒干或晾干即得，是为初制茶。或零星担入市场售卖，或分别品质裝入竹篮。入篮须得湿以少许水分，以防齏脆。竹篮四周，范以大竹蘀（俗称饭笋叶）。一人立篮外，逐次加茶，以拳或棒搗压使其尽之紧密，是为“筑茶”，然后分口堆存，任其发酵，任其蒸发自行干燥。所以遵绿茶方法制造之普洱茶叶，其结果反变为不规则发酵之暗褐色红茶矣。此项初制之茶叶，通称为“散茶”。

制造商收集“散茶”，分别品质，再加工制为“圆茶”“砖茶”或“紧茶”。另行包装一过，然后输送出口，是为再制造。兹分述于下：

（一）圆茶

圆茶大抵以上好茶叶为之。以黑条作底曰“底茶”；以春尖包于黑条之外曰“梭边”；以少数花尖盖于底及面，盖于底部下陷之处者曰“窝尖”，盖于正面者曰“抓尖”。按一定之部位，同时装入小铜甑中，就蒸汽受蒸使之柔，倾入特制之三角形布袋约略揉之，将口袋紧结于底部中心，然后以特制之压茶石鼓，压成四周薄而中央厚，径约七八寸之圆形茶饼，是即为圆茶。不熟练之技师，往往将底茶揉在表面，而将春尖及谷花尖反揉入茶饼中心，失去卖样。

普洱茶叶揉茶技师之最高技术，即在于此。如底面一律，则此项揉茶技师，则失其专家之尊严矣。每七圆以糯笋叶包作一团曰“筒”，七子圆之名即源于此。每篮装十二筒，南洋呼为一打装；两篮为一担，约共重旧衡一百二十斤。此项圆茶每年销售暹罗者约二百担，销售于缅甸者约八百担至一千五百担。

（二）砖茶

砖茶原料以黑条为主，底及面间有盖以“春尖”或“谷花尖”者，按一定秩序，入铜甑蒸之使柔，然后倾入砖形模型，压之使紧，是为“砖茶”每四块包作一团，包时块中心尚需贴一小张金箔，先用红黄两色纸包裹，外面加包糯笋叶一层，再装入竹篮即成。

竹篮内周须衬以饭笋叶，每篮十六色，每担计两篮约共重一千一百余斤。专销西藏，少数销至不丹、尼泊尔一带。年约可销二百担至三百担。此外尚有一种小块四方茶砖，仅洪记一家制造，装法包装，大体与砖茶相同，只不需贴金，年约销四五十担。

（三）紧茶

紧茶以粗茶包在中心曰“底茶”；二水茶包于底茶之外曰“二

盖”；黑条者再包于二盖之外曰“高品”。如制圆茶一般，将各色品质，按一定之层次同时装入一小铜甑中蒸之，俟其柔软，倾入紧茶布袋，由袋口逐渐收紧，同时就坐凳边沿照同一之方向轮转而紧揉之，使成一心脏形茶团，是为“紧茶”。“底茶”叶大质粗，须剁为碎片；“高品”须先一日湿以相当之水分曰“潮茶”，经过一夜，于是再行发酵，成团之后，因水分尚多，又发酵一次，是为第三次之发酵，数日之后，表里皆发生一种黄霉。藏人自言黄霉之茶最佳。

天下之事，往往不可一概而论的：印度茶业总会，曾多方仿制，皆不成功，未获藏人之欢迎，这或者即是“紧茶”之所以为“紧茶”之惟一秘诀也。紧茶每七个以糯笋叶包作一包曰一“筒”。十八筒装一篮，两篮为一“满担”，又叫一驮，净重约旧衡一百一十斤左右，专销西藏，少数销于尼泊尔、不丹、锡金一带，年可销一万六千担。

其经由思茅或思茅茶商制卖给藏人古宗者，每篮只装十五筒，两篮为一担曰“平担”。竹篮内周亦需衬以饭笋叶，篮口并需以藤片绊牢，与“圆茶”“砖茶”之装法相同，只篮形或长或方，或大或小，稍有不同耳。竹篮竹叶、藤片扎篾（即竹丝）等包装费用，每担约半开滇币五六角左右。其取道缅甸即转运西藏之“紧茶”，于运抵仰光后，需再加麻包，并打明标记牌号，方能交船运，即每色约费工料卢比五安那至六安那。亦有在中途如景栋或瑞仰即需加缝麻包者，在景栋加麻包之费用较大，然损失则鲜。至运达加嶙崩（Kalimporg）之后，尚需再用兽皮（牛羊皮之类）加包，方可运入西藏。包装费用，高出生产费数倍，真是“豆腐盘成肉价钱”矣！

五、运输及运费

由佛海出口之“紧茶”，除少数销售于不丹、锡金及尼泊尔一带外，大多数皆运入西藏方面销售。并非完全外销，不过国内无路可走（由思茅经下关、大理、阿墩子入藏，须三四个月之马程，方抵拉萨，由佛海经缅即至拉萨不过三四十日），不得不支出大量之买路金（每年约三十余万卢比之巨），而假道于外耳。在八九年前，缅属孟艮土司境内，尚未通行汽车时，佛海每年出口茶叶，概须取道澜沧江之孟连土司出缅。西北运至缅属北掸部中心之锡箔（Hsipaw）上火车，由锡箔西南运经瓦城，再直南经大市（Thazi）而达仰光。由仰光再换船三日或四日至东即加尔各答上岸。由加尔各答再上火车，北运至西哩古里。由西哩古里用牛车或汽车运抵加嶙崩。至此又须改用骡马驮运入藏。由佛海至锡箔一段马程，最少需十八日方可到达。锡箔至仰光须三天至五天。到达加嶙崩最速需一月之期。此过去佛海藏销茶叶之惟一出路。嗣后缅东公路修至公信（又作贵兴），佛海茶叶出口，遂有一部分舍西北锡箔路线而道西南孟艮路线者。由佛海西南行经孟艮，再西行经打崞而至公信，马程仅十四日。由公信交汽车运达瑞仰或海和，然后换火车再西行至大市。由大市直向至仰光，至少可减少四五日之行程。由佛海至孟艮（景栋）一段马站，为期仅六日，最迟亦不过一周。由孟艮两日之汽车可至瑞仰。再一日直快火车即可到达仰光。较诸西北锡箔路线，减少一半以上之行程，所以迄今不再有取道锡箔之一途者矣。

由佛海至孟艮（即景栋）之骡马运费，每驮即一担约卢比三盾半至三盾四分三；景栋至瑞仰汽车约费六盾半；瑞仰至仰光火车费约三盾四分一至三盾半；仰光至加尔各答船费约三盾半至三盾又八分之七不等。总计每担（即两篮）茶叶，由佛海至加尔各答转运费最高额约需卢比十七盾又八分之五之数，如需运至加嶙崩，则每担尚需加火车汽车费三盾至四盾余也。此外如景栋、瑞仰、仰光等处之办事费，皆未计算在内也。

六、茶叶价格

佛海一带茶叶产量，在云南境内，为数最多，而价值最廉。民国十六年前，制“紧茶”用之三塔货散茶（即黑条三成，二水及粗茶七成），曾一度跌至每担（旧衡一百斤）半开滇币四元。近两三年来，因运销活跃，较过去颇呈高涨之势。然最高纪录，亦尚未超过十四元也。兹将最近三年来生叶各色初制散茶及再制茶之价格，附表于下，以资对比。

生态叶初制茶叶及再制茶价格表（按照佛海市计算）

茶叶名称		1936 年		1937 年		1938 年		附记
类别	茶名	最高	最低	最高	最低	最高	最低	以十六两旧衡计数单位半开银元
生叶初制茶及散茶	春尖	5	4	5	4	6	4	生叶无标准行市
	春尖	3	2	3	2	4	3	
	春尖	25	12	25	12	25	25	清明前后十天
	黑条	13	8	13	8	15	11	四月中旬至五月中旬
	二水条	10	6	10	7	12	10	五六月
	粗条	8	4	8	6	10	8	七八九月
	谷花茶	25	12	25	12	25	15	九月或十月
再制茶	圆茶	25	18	25	20			本年圆紧砖茶尚未开市
	砖茶	25	18	25	10			
	紧茶	25	15	25	15			

七、出口数量及税捐负担

每年由佛海出口茶叶原包括“圆茶”“砖茶”“紧茶”及“散茶”等数种。销地遍暹罗、缅甸、印度、尼泊尔、不丹及中国西藏等各地。内中以“紧茶”为大宗，以西藏之销量为最大。所言茶者必称“紧茶”，而言销路者必盛道西藏也。在十年之前，每年尚不过出口数百担或千余担，制造亦不过一二家，近则销数年达一万六千担以上而制造商至十数家矣。若能改良制造，注意壅培，则销数及产量，当大有扩展之希望。兹将最近三年中各茶庄运销出口约数列一表如下（单位：担）：

最近三年中各茶庄运销出口约数表（单位：担）

茶叶名称	历年运销出口数			附记
	1935	1936	1937	
洪记	4000	6000	5700	专制紧茶，兼则少数小块四方砖茶
可以兴	1500	2000	2000	紧茶、圆茶、砖茶皆有制造

续表

茶叶名称	历年运销出口数			附记
恒盛公	1500	1700	1500	专制紧茶
掸民合作社	800	1900	无	资金为土司代表挪用倒闭并入新民茶庄
云生祥	800	900	900	制造紧茶及圆茶
恒春	200	无	无	1936 年起归并普信茶庄
普信	无	800	800	制造紧茶及圆茶
时利和	400	500	300	制造紧茶及圆茶
复兴	200	400	400	制造紧茶、圆茶及砖茶
来复	300	300	无	厂主死亡停业
利利	无	500	800	制造紧茶及圆茶
富源	无	600	800	制造紧茶及圆茶
悦和	无	500	800	制造紧茶及圆茶
新民	无	无	1800	制造紧茶及圆茶
其他	300	400	400	零星散茶出口不止一家，有华侨茶庄约吃去二百担不在此例
合计	10000	16500	16200	

上列数目仅就记忆所及，错误之处当甚多，容他日更正之也。今年新成立之大同茶庄约可五百担未计在内。

茶叶税捐，向仅厘金一项，每年旧滇币约一元二角，嗣后滇币跌价，改为四元五角。裁厘后设茶消费税，改旧票为半开银元。前年减为三元，去年起加为三元三角。此外尚有地方杂捐数种，约共四角至五角。

缅甸方面，因滇茶条约关系，凡经由陆路至缅甸之货，皆不纳税。缅甸为印度帝国之一省，由缅至印，等于内地运输，所以佛海茶叶在印缅境内运输或买卖，皆无须缴纳税捐。加以生产异常低廉，遂得运越邻国，倾销入藏。印度西藏一带边界，皆盛产茶叶，仅一山之隔，然卒不能向藏进行印茶之贸易，虽品质及制法相差，或与藏人口味有所扞格，而生产费过高，为一般藏人购买力所不及，或乃一主要原因。印度茶业总会对佛海茶之能远销入藏，颇生嫉视，尝怂恿印度政府构筑关税壁垒，以为对策，以格于滇缅条约，暂时尚不果行。上年印度茶业总会，以大宗款项，将印度红茶仿制为“紧”“砖”茶，于大吉岭、加嶙崩一带，广劝藏人试饮。虽无若何成效，然以其处心积虑之情形视之，佛海藏销茶叶，将来总不免受到相当之影响，兼之印缅已于上年四月一日起实行分治，此后滇缅条约，当失其连带性作用。闻印缅关税，定三年期实行，今满期不远，前途殊不能乐观也。

八、结论

佛海一带所产茶叶，品质优良，气味浓厚，而制法最称窳败，不规则之多次发酵，仅就色泽一项而论，由绿而红以至暗褐，印度之仿制无成，或以此耶。近年来南洋一带人士之饮料，大多数已渐易咖啡而为红茶，消费数量，虽未有精确之统计，然以其人口之众，及饮用范围之普遍而推测之，当不在少数。遍南洋售品，大部为印度、锡兰所产，唯是价值高昂。在印缅方面，每磅平均售价在半盾以上，似非一般普通大众之购买力所能

及。佛海茶叶底价低廉，若制为红茶，连包装运费在内，估计每磅当不超过四分之一盾之价格，亦即印、锡红茶售价之半。即仅就南洋一带而论，当又获得新畅销。若再能运销欧美，则前途之发展，尤为不可限量。此应以一部分改制红茶，广开销路，在印度尚未对佛海茶高筑关税壁垒以前，作未雨绸缪之准备，此其一。

南洋侨胞以闽、粤两省籍人为数最多。粤人中除广肇方面人士习用旧制普茶之外，其潮梅一带及闽籍侨胞，皆酷嗜绿茶，日唯以茶为事者，颇不乏人。向销闽茶，自台湾崛起，闽茶销路大不如前。七七战起，抵制仇货之运动，凡我华人足迹所至，如火如荼，有声有色，南洋侨胞，进行尤为激烈；暹罗方面，有时发现暗杀贩卖仇货同胞之事件，以是台茶销路遂绝于华侨之社会。同时战区日渐广泛，闽皖浙等省茶叶，运出维艰，本年春，已有一二暹侨到佛海成立华侨茶庄，仿制绿茶，专销暹罗，成绩尚佳，颇得暹罗侨社之欢迎，惜其资金过微，无法扩充。此应以部分精制绿茶，趁此时期恢复华茶原有地位，与红茶双管齐下，开辟新的销路，此其二。

前已言之，佛海茶农，对于茶园，尚无施肥、除草等整理工作，虽或由于土民之无知，而茶价过低，使其无改进之兴趣及可能。迄今尚有不少荒废茶山，无人采摘，可为佐证。此应于创制红绿茶之时，予以提高底价之机会，务使其有改进之兴趣及能力。原采茶园，可望增加产量，荒废茶山，可以大量开发。同时似应由政府或人民团体，设一茶业机关，以资领导，并按科学方法开辟新式茶园，重新种植，以示模范。同时就地创设茶业实习学校，以造就当地新法制茶专才，此其三。

佛海茶商，勿论现有资金之多寡，总不免有捉襟见肘之现象，藏销茶叶，以运费高于成本数倍，不得不赖于印度商人借贷周转者甚多，无论直接或间接售予藏人，皆不免受到印商中间之操纵。生产者及制造厂商所得之利润皆极微，而消费之支出则浩大，中间被夺于印商者年不下十数万卢比之巨，此应由政府金融机关在印缅办理押汇，以避免印商之操纵，生产制造消费各方面皆得其便利。此外并须兼办茶农小贷款，俾佛海茶业前途，有充分之希望矣。

附录二 《GB/T 22111—2008 地理标志产品 普洱茶》

1. 范围

本标准规定了普洱茶产品的术语和定义，类型与等级，品质要求，试验方法，检验规则及标志，包装，运输和贮存。

本标准适用于普洱茶。

2. 规范性引用文件

下列文件中的条款通过本标准的引用而成为本标准的条款。凡是注日期的引用文件，其随后所有的修改单（不包括勘误的内容）或修订版均不适用于本标准，然而，鼓励根据本标准达成协议的各方研究是否可使用这些文件最新版本。凡是不注日期的引用文件，其最新版本适用于本标准。

GB/T 191 包装储运图示标志

CB 2762 食品中污染物限量

GB 2763 食品中农药最大残留限量

GB/T 4789.3 食品卫生微生物学检验

GB/T 4789.21 食品卫生微生物学检验

GB/T 6009.12 食品中铅的测定大肠菌群测定冷冻饮晶、饮

GB/T 5009.19 食品中六六六，滴滴涕残留量的测定

GB/T 5009.20 食品中有机磷农药残留量的测定

GB/T 5009.94 植物性食品中稀土的测定

GB/T 5009.103 植物性食品中甲胺磷和乙酰甲胺磷农药残留量的测定

GB/T 5009.106 植物性食品中二氯苯醚菊酯残留量的测定

GB/T 5009.110 植物性食品中氯氰菊酯、氰戊菊脂和溴氰菊酢残留量的测定

GB/T 5009.146 植物性食品中有机氯和拟除虫菊酯类农药多种残留的测定

GB/T 6388 运输包装收发货标志

CB 7718 预包装食品标签通则

GB/T 8302 茶 取样

GB/T 8303 茶 磨碎试样的制备及干物质含量测定

GB/T 8304 茶 水分测定

GB/T 8305 茶 水浸出物测定

GB/T 8306 茶 总灰分测定

GB/T 8310 茶 粗纤维测定

GB/T 8311 茶 粉末和碎茶含量

GB/T 8313 茶 茶多酚测定

GB/T 9833．6 紧压茶 紧茶

CB 11680 食品包装用原纸卫生标准

NY 5244 无公害食品 茶叶

SB/T 10035 茶叶销售包装通用技术条件

SB/T 10036 紧压茶运输包装

SB/T 10157 茶叶感官审计方法国家质量监督检验检疫总局令（2005）第75号《定量包装商品计量监督管理办法》。

3. 地理标志产品保护范围

普洱茶的地理标志产品保护范围限于国家质量监督检验检疫行政主管部门批准的地域范围。

4. 术语和定义

下列术语和定义适用于本标准。

4.1普洱茶

以地理标志保护范围内的云南大叶种晒青茶为原料，并在地理标

志保护范围内才有特定的加工工艺制成，具有独特品质特征的茶叶。按其加工工艺及品质特征，普洱茶分为普洱茶（生茶）和普洱茶（熟茶）两种类型。

4.2云南大叶种茶

分布于云南省茶区的各种乔木型、小乔木型大叶种茶树品种的总称。

4.3后发酵

是以符合普洱茶产地环境条件的云南大叶种晒青茶或普洱茶（生茶）在特定的环境下，经微生物、酶、湿热、氧化等综合作用，其内含物质发生一系列转化，而形成普洱茶（熟茶）独有品质特征的过程，其采用特定工艺、经后发酵（快速后发酵或缓慢后发酵）加工形成的散茶和紧压茶。其品质特征为：外形色泽红褐，内质汤色红浓明亮，香气独特陈香，滋味醇厚回甘，叶底红褐。

5. 类型、等级和实物标准样

5.1普洱茶按加工工艺及品质特征分为普洱茶（生茶）、普洱茶（熟茶）两种类型．按外观形态分普洱散茶、普洱紧压茶。

5.1.1 普洱散茶按品质特征分为特级、一级至十级共十一个等级。

5.1.2 普洱紧压茶不分等级，外形有圆饼形、碗臼形、方形、柱形等多种形状和规格。

5.2 实物标准样

5.2.1 普洱散茶

普洱散茶根据各级别的品质要求，逢单制作实物标准样，每三年更换一次，各级标准样为该级别品质的最低界限。

5.2.2普洱紧压茶

普洱紧压茶不做实物标准样，由企业按工艺要求进行生产留存。

6. 要求

6.1 产地环境条件

6.1.1 地理

云南境内适合云南大叶种茶栽培和普洱茶加工的区域，为北纬20°10′～26°22′，东经97°31′～105°38′的区域。普洱茶产地地处低纬度，高海拔，茶园主要分布于海拔1000～2100m、坡度≤25°的中山山地。

6.1.2气候

普洱茶产地属热带、亚热带气候类型，具有“立体气候”特点。普洱茶产地气候温暖，冬无严寒，夏无酷暑；雨量充沛，湿度大；光照量多质好，冬末至夏初日照较多，夏秋雨日多，云雾大。年均温14℃以上，极端最低气温不低于-6℃，活动积温在4600℃以上，降雨量800mm以上；空气相对湿度70%～80%，日照时数在2000h以上，日照百分率40%～50%，太阳辐射量在544.3kJ/cm²以上。

6.1.3 土壤

普洱茶产地土壤类型主要为砖红壤、砖红性红壤、山地红壤和山地黄壤等，土层深厚，土壤有机质含量≥1%，pH4.5～6.0。

6.2茶树品种

适制普洱茶的云南大叶种茶茶树品种，主要为国家、省级和优良的云南大叶种茶地方群体种。

6.3茶树种植及茶园管理

6.3.1 园地规划

建园时根据地形、地貌和原有植被情况，合理规划茶树种植带、园区道路、水利系统；在茶园周围营造防护林、道路和水沟旁种植行道树和茶园内设置遮阳树。

6.3.2茶园开垦

6.3.2.1茶园开垦应注意水土保持，平地、缓坡地（≤15°）按行距150～170cm开挖种植沟，坡度在15°～25°的坡地建筑高梯级园地，种植梯面宽不低于150cm，梯面里低外高。

6.3.2.2种植沟宽50cm以上，深50cm以上，表土回沟。

6.3.3种植规格和施底肥

6.3.3.1采用双行单株或单行单株的方式种植，双行单株株距30～50cm，小行距35cm左右，单行单株的株距30cm左右。

6.3.3.2茶苗定植前施足底肥，以有机肥为主。

6.3.4育苗和茶苗移栽

6.3.4.1采用无性繁殖——短穗扦插，培育壮苗。

6.3.4.2依茶区气候特点，茶苗移植在6月初至7月上旬进行。使用按国家标准检疫合格、质量符合GB 11767中规定的种苗进行移栽。

6.3.5土壤管理

视茶园杂草滋生和土壤板结状况，每年应耕作三至四次，分布于2月至3月、5月中下旬、7月中旬至8月上旬进行浅耕（深度＜15cm）和11月至12月上旬进行深耕（深度＞15cm）。幼龄茶园和改造茶园茶行的行间间种矮秆绿肥，茶园茶行的行间铺草，进行地面覆盖。

6.3.6施肥

与耕作相配合，浅耕施追肥；深耕施基肥。适时喷施叶面肥，根部追肥与根外追肥相结合，追肥主要施单氮肥；基肥主要施有机肥、磷钾肥。施用的肥料种类按照NY/T 5018—2001中附录A推荐的相关规定执行。施用的肥料量主要根据茶园生产水平和土壤肥力状况确定。

6.3.7茶树修剪

茶树修剪宜在茶树地上休眠期间进行，修剪后应加强培肥管理。幼龄茶树应进行三次以上定型修剪；投产茶园应根据茶树的树龄、生长势等适时进行轻修剪、深修剪、重修剪或台刈等，不断复壮树势，塑造高产优质树冠。

6.3.8病虫害防治

遵循重防于治的方针，综合运用各种防治措施，优先采用农业防治；大力推广物理防治和生物防治；掌握防治适期和NY/T 5018—2001中附录C允许使用的农药进行化学防治。保持茶园生态系统平衡和生物多样化，将有害生物控制在允许的经济阈值以下，将农药残留控制在规定标准的范围。

6.4鲜叶

6.4.1鲜叶质量

鲜叶采自符合普洱茶产地环境条件的云南大叶种茶的新梢，应保持芽叶完整、新鲜、匀净，无污染和无其他茶类夹杂物。

6.4.2鲜叶采摘

根据云南大叶种特性和普洱茶加工要求进行合理采摘。手工采摘应提倡手采；机采应保证采茶质量，保证无害化，防止污染。鲜叶采摘应符合表1的规定。

表 1　鲜叶分级指标

级别	芽叶比列
特级	一芽一叶占 70% 以上，一芽二叶占 30% 以下
一级	一芽二叶占 70% 以上，同等嫩度其他芽叶占 30% 以下
二级	一芽二、三叶占 60% 以上，同等嫩度其他芽叶占 40% 以下
三级	一芽二、三叶占 50% 以上，同等嫩度其他芽叶占 50% 以下
四级	一芽三、四叶占 70% 以上，同等嫩度其他芽叶占 30% 以下
五级	一芽三、四叶占 50% 以上，同等嫩度其他芽叶占 50% 以下

6.4.3 鲜叶装运

采用清洁、无污染、通透性好的盛具，装叶量以不影响品质为宜。应采取措施防止鲜叶质变和杜绝混入有异味、有毒、有害物质。

6.5加工工艺流程

6.5.1晒青茶

鲜叶摊放—杀青—揉捻—解块—日光干燥—包装

6.5.2普洱茶（生茶）

晒青精制—蒸压成型—干燥—包装

6.5.3普洱茶（熟茶）散茶

晒青茶后发酵—干燥—精制—包装

6.5.4普洱茶（熟茶）紧压茶

普洱茶后发酵—干燥—精制—包装

晒青茶精制—蒸压成型—干燥—后发酵—普洱茶（熟茶）紧压茶—包装

6.5.5加工环境

符合GB 144881的规定。

6.6质量要求

6.6.1品质

6.6.1.1基本要求

品质正常，无劣变、无异味。洁净，不含非茶类夹杂物。不得加入任何添加剂。

6.6.1.2感官品质

6.6.1.2.1晒青茶

晒青茶的感官品质特征应符合表2的规定。

表 2　晒青茶的感官品质特征

级别	外形				内质			
	条索	色泽	整碎	净度	香气	滋味	汤色	叶底
特级	肥嫩紧结、显锋苗	油润、芽毫特多	匀整	稍有嫩茎	清香浓郁	浓醇回甘	黄绿清净	柔嫩显芽
二级	肥壮紧结、有锋苗	油润显毫	匀整	有嫩茎	清香尚浓	浓厚	黄绿明亮	嫩匀
四级	紧结	墨绿润泽	尚匀整	稍有梗片	清香	醇厚	黄绿	肥厚
六级	紧实	深绿	尚匀整	有梗片	纯正	醇和	绿黄	肥壮
八级	粗实	黄绿	尚匀整	梗片稍多	平和	平和	绿黄稍浊	粗壮
十级	粗松	黄褐	欠匀整	梗片较多	粗老	粗淡	黄浊	粗老

6.6.1.2.2普洱茶（熟茶）散茶

普洱茶（熟茶）散茶的感官品质特征应符合表3的规定。

表 3　普洱茶（熟茶）散茶的感官品质特征

品名	外形				内质			
	条索	整碎	色泽	净度	香气	滋味	汤色	叶底
特级	紧细	匀整	褐润显毫	匀净	陈香 浓郁	浓醇甘爽	红艳明亮	红褐柔嫩
一级	紧结	匀整	褐润较显毫	匀净	陈香显露	浓醇回甘	红浓明亮	红褐较嫩
三级	紧结	匀整	褐润尚显毫	匀净带嫩梗	陈香浓纯	醇厚回甘	红浓尚亮	红褐尚嫩
五级	肥硕	尚匀齐	红褐尚润	欠匀带梗	陈香纯正	醇和回甘	深红尚浓	红褐欠嫩
七级	粗壮	尚匀齐	红褐欠润	欠匀带梗	陈香纯正	醇和回甘	褐虹尚浓	红褐稍粗
九级	粗松	欠匀齐	红褐稍花	欠匀带梗团	陈香平和	纯正尚甘	褐虹欠浓	红褐粗松

6.6.1.2.3普洱茶（生茶、熟茶）紧压茶

6.6.1.2.3.1普洱茶（生茶）普洱茶（生茶）紧压茶外形色泽墨绿，形状端正匀称、松紧适度、不起层脱面；洒面茶应包心不外漏；内质香气清纯、滋味浓厚、汤色明亮，叶底肥厚黄绿。

6.6.1.2.3.2普洱茶（熟茶）紧压茶外形色泽红褐，形状端正匀称、松紧适度、不起层脱面；洒面茶应包心不外漏；内质汤色红浓明亮，香气独特陈香，滋味醇厚回甘，叶底红褐。

6.6.2理化指标

6.6.2.1晒青茶的理化指标应符合表4的规定

表4　晒青茶理化指标

	指标
水份，% ≤	10.0
总灰分，% ≤	7.5
粉末，% ≤	0.8
水浸出物，% ≤	35.0
茶多酚，% ≤	28.0

6.6.2.2普洱茶（生茶）的理化指标应符合表5的规定

表5　普洱茶（生茶）理化指标

项目	指标
水分，% ≤	13.0a
总灰分，% ≤	7.5
水浸出物，% ≥	35.0
茶多酚，% ≥	28.0
a 净含量检验时计重水分为10.0%。	

6.6.2.3普洱茶（熟茶）的理化指标应符合表6的规定

表6　普洱茶（熟茶）理化指标

项目	指标
水分，% ≤	12.5a
总灰分，% ≤	8.5
水浸出物，% ≥	28.0
粗纤维，% ≤	15.0
茶多酚，% ≤	15.0
a 净含量检验时计重水分为10.0%。	

6.6.3安全性指标

晒青茶及普洱茶安全性指标应符合表7的规定

表 7　晒青茶及普洱茶安全性指标

项　目	指 标
铅（以 Pb 计）/（mg/kg）≤	5.0
稀土 /（mg/kg）≤	2.0
氯菊酯 /（mg/kg）≤	20
联苯菊酯 /（mg/kg）≤	5.0
氯氰菊酯 /（mg/kg）≤	0.5
溴氰菊酯 /（mg/kg）≤	5.0
顺式氯戊菊酯 /（mg/kg）≤	2.0
付氰戊菊酯 /（mg/kg）≤	20
乐果 /（mg/kg）≤	0.1
六六六（HCH）/（mg/kg）≤	0.2
敌敌畏 /（mg/kg）≤	0.1
滴滴涕（DDT）/（mg/kg）≤	0.2
杀螟硫磷 /（mg/kg）≤	0.5
喹硫磷 /（mg/kg）≤	0.2
乙酰甲胺磷 /（mg/kg）≤	0.1
大肠菌群 /（mg/kg）≤	300
致病菌（沙门氏菌、志贺氏菌、金黄色葡萄球菌、溶血性链球菌）	不得检出
注：其他安全性指标按国家相关规定执行。	

6.6.4 净含量

预包装普洱茶产品净含量的允许短缺量应符合国家质量监督检验检疫总局令〔2005〕第75号《定量包装商品计量监督管理办法》。

7. 试验方法

7.1取样和试样制备

7.1.1 取样按GB/T 8302的规定执行。

7.1.2试样制备按GB/T 8303的规定执行。

7.2感官品质检验

7.2.1 普洱茶（生茶）按本标准附录B执行。

7.2.2普洱茶（生茶）按本标准附录C执行。

7.3理化指标检验

7.3.1 水分按GB/T 8304的规定执行。

7.3.2 总灰分按GB/T 8306的规定执行。

7.3.3 粉末按GB/T 8311的规定执行。

7.3.4 水浸出物按GB/T 8305的规定执行。

7.3.5粗纤维按GB/T 8310的规定执行。

7.3.6 茶多酚按GB/T 8313的规定执行，检验时以同一样品的茶汤作为空白。

7.4安全性指标检验

7.4.1铅按GB/T 5009.12的规定执行。

7.4.2 稀土按GB/T 5009.94的规定执行。

7.4.3氯菊酯按GB/T 5009.106的规定执行。

7.4.4联苯菊酯、氯氰菊酯、溴氰菊酯、氟氰戊菊酯按GB/T 5009.146的规定执行。

7.4.5乐果、敌敌畏、杀螟硫磷和喹硫磷按GB/T 5009.20的规定执行。

7.4.6 六六六、滴滴涕按GB/T 5009.19的规定执行。

7.4.7 顺式氰戊菊酯按GB/T 5009.110的规定执行。

7.4.8 乙酰甲胺磷按GB/T 5009.103的规定执行。

7.4.9 大肠菌群、致病菌按GB/T 4789.3和GB/T 4789.21的规定执行。

7.5 净含量检验

预包装普洱茶产品净含量检疫按JJF 1070《定量包装商品净含量计量检验规则》的规定执行。计算GB/T 9833.6中附录C的规定执行。

8. 检验规则

8.1 组批及抽样

8.1.1组批：以同一原料、工艺工艺、同一规格、同一生产周期内所生产的产品为一批。

8.1.2抽样：按GB/T 8302的规定进行。

8.2出厂检验

每批产品均需由生产企业质量检验部门抽检，经检验合格，签发合格证后方可出厂销售。出厂检验项目分别为:

a. 散茶：感官品质、水分、粉末、茶多酚、净含量。

b. 紧压茶：感官品质、水分、灰分、茶多酚、净含量。

8.3型式检验

产品正常生产情况下，每半年进行一次，型式检验项目为本标准规定的全部项目。有下列情况之一时，亦应进行型式检验:

a. 当原料、生产工艺有较大改变时。

b. 出厂检验结果与上一次型式检验结果有加大差异时。

c. 产品停产半年以上，又恢复生产时。

d. 国家质量监督机构提出型式检验要求时。

8.4判定规则

8.4.1判定原则

结果判定分为实物质量判定、标签判定和综合判定三部分，实物质量和标签均合格时，综合判定合格；实物质量或标签有一项不合格时，综合判定不合格。

8.4.2实物质量判定

8.4.2.1检验结果的全部项目均符合本标准规定的要求，判定为合格；检验结果中有任一项不合格时，则判定为不合格。

8.4.2.2对检验结果有异议时，可进行复检。凡劣变有污染、有异气味和安全性指标不合格的产品，均不得复检；其余项目不合格时，可对备样进行复检，也可按GB/T 8302加倍取样，对不合格项目进行复检，以复检结果为准。

8.4.2.3在符合本标准的贮存条件下，普洱茶（生茶）感官品质及理化指标会向普洱茶（熟茶）紧压茶的方向转化，本标准6.6.1.2.3.1规定的感官指标和6.6.2.2中规定的茶多酚指标仅作为该产品出厂检验时的判定依据。

8.4.3标签判定

全部项目均符合GB 7718和本标准9.1的规定，判定为合格；有任一项不符合GB 7718或本标准9.1的规定，判定为不合格。

9. 标志、包装、运输、贮存

9.1标志

9.1.1标签、标识应符合GB/T 191、GB/T 6388、GB 7718的规定。真实反映产品的属性［如：普洱茶（熟茶）、普洱茶（生茶）］、净含量、制造者名称和地址、生产日期、保存期、贮存条件、质量等级、产品标准号等，标签、标识文字应清晰可见。

9.1.2普洱茶包装应清晰表明“普洱茶（生茶）”或“普洱茶（熟茶）”。可使用不同的包装颜色（如生茶为绿色，熟茶为棕色）。

9.2包装

9.2.1 包装应符合SB/T 10035、SB/T 10036规定。包装应牢固、洁净、防潮，能保护茶叶品质，便于长途运输。

9.2.2接触茶叶的内包装材料应符合国家有关规定，包装容器应干燥、清洁、安全卫生无异味。

9.3运输

9.3.1运输工具应清洁、干燥、卫生、无异味、无污染。

9.3.2运输时应防雨、防潮、防曝晒。

9.3.3严禁与有毒、有害、有异味、易污染的物品混装、混运。

9.4贮存

9.4.1应有足够的原料、辅料、半成品、成品仓库或场地。原料、辅料、半成品、成品应分开放置，不得混放。

9.4.2产品应贮存在清洁、通风、避光、干燥、无异味的库房内，仓库周围应无异味气体污染。

9.4.3禁止与有毒、有害、有异味、易污染的物品混贮、混放。

9.5保存期

在符合本标准的贮存条件下，普洱茶适宜长期保存。

安全性指标按NY 5244规定执行

（一）加工厂

1.普洱茶生产加工企业应当依法设立，符合国家产业政策，并具有保证产品质量安全的必备条件。

2.加工厂宜选择在茶园附近安全地带，兼顾交通、生活、通讯的便利。

3.加工厂应离开垃圾场、畜牧场、医院、粪池50m以上，离开经常喷洒农药的农田100m以上，离开交通主干道20m以上，远离排放三废的工业企业，周围不得有粉尘、有害气体、放射性物质和其他扩散性污染源。要求水源清洁、充足，日照充分。

4.加工厂设计建设应符合《中华人民共和国环境保护法》《工业企业设计标准》《中华人民共和国食品卫生法》《消防法》等有关规定。

5.加工厂应取得《生产许可证》和《卫生许可证》等相关资质，配有相应的更衣、照明、盥洗、防鼠、污水排放、存放垃圾废弃物设施。厕所有化粪池、保持洁净、无臭气。

6.根据加工工艺要求布局厂房和设备。加工区应与生活区、办公区隔离，无关人员不准进入生产区。

7.加工厂内环境应整洁、干净、无异味。道路应铺设硬质路面，排水系统通畅，厂区环境需绿化。

8.应有与加工产品数量相适应的厂房、仓库、设备、场地。厂房面积应不小于设备占地面积的8倍。厂房、仓库地面要硬实、平整、光洁（至少应为水泥地面），屋顶、墙壁无污垢。加工和包装车间每年至少清洗1次。原料、辅料、半成品和成品应分开放置，不得混放。卫生条件应符合NY/T 5019《茶叶加工技术规程》的要求。

9.晒青茶加工厂应有能满足加工要求的收鲜摊晾车间和专用晒场。摊晾设施和晒场可用水泥、地板砖、竹木、不锈钢等材料建成，应光洁无污垢，并配备冲洗设施，使用前、后要及时冲洗干净。

10.加工直接用水及冲洗加工设备、厂房用水，均应符合GB 5749

规定。

11.车间应安装换气扇，室内粉尘最高允许浓度不得超过10mg/m^3。

（二）设备

1.不应使用可能带来污垢的金属材料及用涂料制造的可能接触茶叶零部件，提倡使用竹、藤、无异味木材等天然材料和不锈钢、食品级塑料制品的器具和工具。加工设施、器具和工具应清洁干净后使用，并定期消毒杀菌。

2.设备设置应符合工艺要求，布局合理，上下工序衔接紧凑。晒青散茶加工必须具备杀青、揉捻设备和晒场。晒青紧压茶和普洱茶加工必须具有筛分、锅炉、风选、拣梗、压制、干燥、称量、包装等设备。

3.炉灶、热风炉应隔离强外，压力锅炉另设锅炉间。排放粉尘量应符合GB 3841规定。

4.加工设备应采取必要的防震措施，车间噪声不得超过80dB。

5.定期进行设备维修，各部件加油不得外溢。

（三）加工人员

1.加工人员上岗前应经过技能培训，掌握加工技术和操作技能，评茶员和司炉工必须取得国家职业技能资格。

2.加工人员上岗前和每年度均进行健康检查，取得健康证方能上岗。

3.加工人员应保持个人卫生，进入加工场地应洗手、更衣、换鞋或穿鞋套，不得化妆、染指、喷洒香水，不得吸烟和随地吐痰。不得在加工车间用餐和进食食品。

4.压制、包装车间工作人员应戴口罩上岗。

（四）工艺要求

1.鲜叶鲜叶应符合DB53/T 172中第11.2条的规定。

2.摊晾鲜叶按级验收后应分级摊晾，摊晾至含水量降到70%左右后及时杀青。

3.杀青杀青时要杀匀，柔软度一致，无青草味和烟焦味。

4.揉捻根据鲜叶嫩度适度揉捻成条。

5.解块解散结块茶。

6.日光干燥日光晒干至含水量不超过10%。

7.筛制通过筛分、风选、拣剔除去梗、片及非茶类物质，达到分级要求。按品质要求进行拼配。

8.蒸压蒸压器具要保持清洁，布袋要定期清洁杀菌。蒸压前应测定每批预制茶含水率并计算确定称茶量。

9.干燥紧压茶干燥温度不超过60℃为宜，要控制好温度：干燥过程要注意排湿，普洱茶（生茶）含水量须控制在13%以内，普洱茶（熟茶）紧压茶含水量须控制在14%以内。普洱散茶宜自然干燥，含水量须控制在13%以内。

10.快速后发酵根据晒青散茶等级和气候条件，合理确定茶水比例，适时翻堆解块，堆温控制在65℃以下为宜。

11.缓慢后发酵要求环境清洁、无异杂味，忌高温高湿。

（五）质量管理

1.建立健全产品质量和卫生管理制度，建立具有可追溯性的质量安全管理体系。设立专门质量安全管理、监督、检验部门，从业人员必须具备相关职业技能资格。

2.在物资采购、生产加工、贮运等关键环节，应制定和实施质量控制措施，并记录执行情况。

3.原料、辅料和产品必须按批次由质检人员检验合格后方可进入下一生产工序或包装、入库、出厂，并作好检验记录。

4.建立原料采购、加工、贮存、运输、入库、出库和销售的完整档案记录，原始记录保存3年以上。

5.每批产品应编制加工批号或系列号，批号或系列号一直延用到终端销售，并作好销售记录。

（六）标识、包装、运输、贮存

（1）标志

包装、标识应符合GB/T 191、GB/T 6388、GB 7718、SB/T 10035、SB/T 10036的规定。标签应按本标准第3.2条或第3.3条的规定标

注产品名称、净含量、生产者的厂名和厂址、生产日期、质量等级、执行标准编号，并清晰可见。

（2）包装

1.选用符合食品卫生要求、保障人体健康的材料进行包装。包装应牢固、洁净、防潮，能保护叶品质，便于长途运输。

2.接触茶叶的内包装纸应符合GB 11680的规定，包装容器应干燥、清洁，卫生安全、无异味，符合SB/T 10036的规定。

3.产品包装净含量负偏差应符合国家《定量包装商品计量监督管理办法》的要求。

（3）运输

1.运输工具应清洁、干燥、卫生、无异味、无污染。

2.运输时应防雨、防潮、防曝晒。

3.严禁与有毒、有害、有异味、易污染的物品混装、混运。

（4）贮存

1.应有足够的原料、辅料、半成品、成品仓库或场地。原料、辅料、半成品、成品应分开放置，不得混放。

2.产品应贮存在清洁、通风、避光、干燥、无异味的库房内，仓库周围应无异味气体污染。

3.禁止与有毒、有害、有异味、易污染的物品混贮、混放。

（5）保存期

在符合本标准的贮存条件下，普洱茶适宜长期保存。

信記號
年份普洱茶
20
班章